Typenkompass

Ralf Schaepe

Jollen

Die wichtigsten Klassen

pietsch

Einbandgestaltung: Sven Rauert

Titelbilder: Ralf Schaepe

Bildnachweis: Sofern nicht anders angegeben, stammen die Fotos von
Susanne Plohmann und Ralf Schaepe.

ISBN 978-3-613-50767-8

1. Auflage 2014

Sie finden uns im Internet unter www.pietsch-verlag.de

Lektorat: Susanne Fischer
Innengestaltung: Anita Ament
Druck und Bindung: Kessler Druck und Medien, 86399 Bobingen
Printed in Germany

Inhalt

Was macht eine Jolle aus? **4**

Einhandjollen **8**
A-Cat 9
Contender 9
Europe 11
Finn Dinghy 14
Flash 16
Laser 16
Moth 18
Musto Skiff 20
O-Jolle 21
OK-Jolle 24
Open Bic 26
Optimist 29
Seggerling 31
Splash/Flash 33
Topper 34
Zoom 8 35

Jollen für 2 oder mehr Segler **36**
14 (International 14) 37
22-qm-Jolle/J-Jolle 39
29er 41
420er 42
470er 44
485er 46
49er 48
505er 50
Achat 52
Aquila 53
Barnegat 55
Blandina 57
Cadet 57
Conger 58
Eikplast I und II 60
Flying Cruiser S 62
Flying Dutchman 64
Flying Junior 66
Gruben Gipsy, Gipsy Star, Sprint, 17 68
H-Jolle 71
Ixylon 72
Javelin 73
Jeton 75
Kombiboot Rügen 76
Koralle 78
Korsar 80
Laser II 82
Lis 83
Pirat 85
Sharpie 87
Teeny 88
Tempo Scow 90
Vaurien 92
VB-Jolle 94
Windy 96
XDinghy (X0, X1) 97
Zugvogel 100

Mehrrumpfboote **102**
A-Cat 102
Dart 18 104
Formula 18 105
Hobie 107
Topcat K1 bis K4 110
Tornado 112

Jollenkreuzer **114**
FAM 115
Kajütrügenjolle 117
Lis-Jollenkreuzer 119
P-Boot/15er-Jollenkreuzer 121
R-Boot/20er-Jollenkreuzer 124
S-Kreuzer/16er-Jollenkreuzer 126

Dankeschön an **128**

Was macht eine Jolle aus?

Auf einem Dickschiff sind alle Arbeiten aufwendiger und zeitraubender. Hier braucht es drei Crew-mitglieder, um bei gerade noch handigem Wind auf einem 12-m-Schiff die Fock auszubaumen.

Ein alter Seglerspruch ist der: Wenn man im ungeheizten Badezimmer bei offenem Fenster und Zugluft ein paar Stunden unter der kalten Dusche steht und dabei langsam einen 50-Euro-Schein nach dem anderen zerreißt, ist das so ähnlich wie segeln – nur, dass man dabei wenigstens zuhause ist. Am schönsten nass wird man auf einer Jolle. Dieser Meinung sind jedenfalls die mindestens 50.000 Jollensegler alleine in Deutschland (die exakte Zahl ist schwer zu ermitteln, weil etliche Segler keinem Verband und keiner Klassenvereinigung angehören).

Jollen sind per Definition kleinere, offene Boote mit Schwert. Einen Jollensegler kann man beim Segeln gut erkennen. Jollensegler sind es gewohnt, sich so im Boot zu platzieren, dass ihr Fahrzeug gut getrimmt im Wasser liegt. Ändert sich der Wind, ändern sie ihre Sitzposition, und sei es auch nur zentimeterweise. Auf den kleinen und leichten Jollen ist das ein Muss, um gut voranzukommen. Außerdem sind Jollensegler darauf trainiert, jede Böe zum Anluven zu nutzen, und wenn sie schon den Kurs halten, zuppeln sie sofort an den Schoten, wenn der Wind sich etwas ändert.

Witzigerweise tun sie das auch gerne, wenn sie auf schweren Kielschiffen sind; sie können ihr Jollentraining einfach nicht so ohne weiteres ablegen. Ich vermute, dass ein Jollensegler sogar auf einem Containerschiff sitzend dazu neigt, sich weiter nach außenbords zu setzen, wenn er ein µ Krängung spürt.

Demgegenüber hat sich der eingefleischte Dickschifffahrtensegler daran gewöhnt, dass unter seinem Rumpf ein fetter Kiel angebracht ist. Ich beobachte häufig, dass Dickschiffsegler sich auf einer Jolle gerne hinsetzen, wie es am bequemsten ist – und dann dort bleiben. Egal, was dieser unzuverlässige Wind gerade so

macht. Die Möglichkeiten der Segelstellung reduzieren sich bei ihnen im Grunde auf zwei: mittschiffs dichtgeknallt oder ganz offen.
Ganz so holzschnittartig ist das Seglerleben wahrscheinlich nicht – aber die Tendenz stimmt. Permanentes Einschätzen des Windes, dreimal die Minute nach dem Verklicker schielen und ständig den Popometer (wenn man es einmal gelernt hat, segelt man eine Jolle mit dem Hintern …) abfragen, ist kennzeichnend für den Jollensegler. Und es ist auch der Kern der oft gehörten Behauptung »Segeln lernt man am besten auf der Jolle«.
Dabei will ich gar nicht behaupten, dass Dickschiffsegler schlechtere Segler sind. Ihr Phlegma hat gute Gründe, denn ein vier oder fünf Tonnen schweres Kielschiff reagiert nun mal nicht so auf jede Böe wie das Federgewicht von Jolle, deshalb ist es oft sinnlos, einem kurzen Dreher hinterherzufahren. Zudem ist der Energieaufwand beim Verstellen der Schoten höher, und es dauert länger – insgesamt ist es also schon richtig, auf einem 12-Meter-Schiff nicht immerzu nachzuregulieren. Jedenfalls: Ob ein Segler von der Jolle oder vom Kielschiff kommt, lässt sich an der Art, wie er segelt, erkennen. Es sind nun mal unterschiedliche Bootstypen.
Zur Physik: auf einem Fahrtenschiff stecken etwa 25 bis (im Extremfall) 50 % des gesamten Bootsgewichtes im Kiel. Der sorgt dafür, dass das Boot immerzu aufrecht bleiben will und dem Wind eine sehr starke aufrichtende Kraft entgegensetzt. Wird ein Kielboot von sehr starkem Wind mit dem Masten flach aufs Wasser oder sogar unter Wasser gedrückt, so richtet es sich von alleine wieder auf. Diese Eigenschaft hat als »Gewichtsstabilität« Eingang in die Lehrbücher gefunden.

Demgegenüber steht die »Formstabilität« der Jolle. Einzig ihre Bauform sorgt dafür, dass sie auf der Bootsseite, die vom Wind ins Wasser gedrückt wird, zunehmend Auftrieb entwickelt. Allerdings nur bis zu einer gewissen Grenze – dann kippt das Boot um. Das im Vergleich zum Kielschiff lächerlich leichte Schwert tut nichts, um es daran zu hindern. Deswegen setzen Jollensegler ihr Körpergewicht flexibel ein, um die Jolle in der Balance zu halten.
Jollen – englisch als Dinghy oder Dingi bezeichnet – waren ursprünglich offene Beiboote von größeren Schiffen. Sie dienten etwa dazu, vom Ankerplatz in den Hafen zu gelangen. Oft waren sie fürs Rudern und fürs Segeln ausgelegt. Die Bezeichnung findet sich heute noch im Finn Dinghy wieder, einer reinrassigen Regattajolle. Jollen wurden und werden auch binnen und an der Küste von Fischern genutzt. Ebenso gab es in größeren Häfen Händler, die Kapitäne, Offiziere und Mannschaften mit kleineren Mengen an Waren versorgten: Tabak, Wein, Branntwein und andere isotonische Getränke für den Eigenbedarf …
Wie es in den einzelnen Regionen der Welt dann vom Arbeitssegeln zum Sportsegeln kam, ist nicht genau dokumentiert. Die Segelsportgeschichte hat die meisten Fakten zum Thema »Yachtsport« gesammelt, der in Deutschland von Kaiser Wilhelm II. stark gefördert wurde. Die Jolle kommt darin eher selten vor. Immerhin gibt es Faktensplitter: Fischer am Steinhuder Meer, so erzählte mir ein Experte des Schiffahrtsmuseums Bremerhaven, machten es sich irgendwann zur Gewohnheit, Sonntags auch mal die Familie auf den Kahn zu laden und zum reinen Spaß durchs Wasser zu plätschern. Ich kann mir gut vorstellen, dass Binnen- und Küstenfischer zu festlichen Gelegenheiten eine Art Regatta veranstalteten. Ebensowenig halte ich es für ausgeschlossen, dass die Hafenhändler auf ihren Dingis bei passendem Anlass Wettfahrten als ritualisierte Formen des Konkurrenzkampfes austrugen. Aber das ist zugegebenermaßen Spekulation.
Eine große Zeit des Jollensegelns in Deutschland waren die 20er- und 30er Jahre des vergangenen Jahrhunderts, als Größen wie Manfred Curry (der Erfinder der nach ihm benannten Schotklemme) auf ihren wunderschönen und übertakelten Rennjollen das Regattasegeln prägten. Curry schrieb damals ein reich mit Skizzen bebildertes Buch über Regattataktik. Er definierte das Wettsegeln als Angriff auf ein führendes Boot im Rennen beziehungsweise als Verteidigung gegen ein angreifendes Boot und beschäftigte sich mit Mitteln der Durchführung und der Abwehr solcher Angriffe auf die Führungsposition im Feld.
In den 1960er Jahren kam es mit der breiten Verwendung von glasfaserverstärktem Kunststoff als Bootsbaumaterial zu einer technischen Revolution im Bootsbau. Da GFK vergleichsweise billig und einfach zu verarbeiten ist, konnte das Segeln vom Sport der Begüterten zum Breitensport werden. Und noch etwas: Anders als der bis dahin vorherrschende Baustoff Holz lässt sich GFK in nahezu beliebige Formen bringen, und so explodierte in der Folgezeit der Variantenreichtum der Jollen. Das bringt Probleme mit sich, wenn man ein Buch über Jollen schreibt. Bei zunehmender Beschäftigung mit dem Thema erfährt man immer mal wieder von Jollentypen, die bis dato gar nicht auf dem Radar waren. Die einzig praktikable Lösung heißt Beschränkung: Sie finden in diesem Buch 66 Jollen, die in Deutschland gesegelt werden. Es gibt aber noch mehr.

In diesem Buch wird jedes Boot der Klasse zugeordnet, zu der es gehört (sofern es zu einer solchen gehört). Im Grunde ist die Klassenzugehörigkeit vor allem interessant, wenn man Regatta segeln will, wo die Einteilung in Klassen sicherstellen soll, dass Boote gegeneinander fahren, die auch miteinander vergleichbar sind. Allerdings ist das Wissen um die Klassenzugehörigkeit auch für Segler außerhalb der Regatten sinnvoll, denn die Klassen

bilden **Klassenvereinigungen**. Die sind meist im Internet auffindbar und können bei der Suche nach genau passenden Ersatz- und Beschlagteilen für seltene Boote helfen, oder man findet Tipps zum Trimm oder zu speziellen Schwachstellen (und deren Reparatur).
In der Praxis zeigt sich allerdings, dass es nicht ganz einfach ist, die Vielfalt der Segelfahrzeuge in ein System zu bringen. Über allem thront die **ISAF**, die **International Sailing Federation**; der Weltverband der Segler definiert die »Schubladen«, in die man die Boote stecken kann. Für die deutschen Segler ist der **DSV (Deutscher Seglerverband)** die Organisation, die sowohl im ISAF als auch im Deutschen Olympischen Sportbund vertreten ist. Folgende »Schubladen« für die Boote lassen sich abgrenzen:

- **Olympische Klasse:** Den Titel tragen Boote, die bei Olympischen Spielen Wettkämpfe austragen.
- **Nationale Klasse:** Was eine Nationale Klasse ist, entscheidet in Deutschland der Deutsche Seglerverband, in anderen Nationen die jeweiligen nationalen Verbände. Nationale Klassen dürfen nationale Meisterschaften austragen, was wiederum eine wichtige Grundlage für die Popularität eines Bootes sein kann.
- **Internationale Klasse:** Hier dürfen sich Boote einsortieren, die in mindestens sechs nationalen Klassenvereinigungen vertreten sind, vorausgesetzt, dass diese Nationen sich auf drei Kontinente verteilen. Hier ist auch ein Beispiel für das Durcheinander, das die Klassensortiererei anrichten kann. Es ist möglich, dass ein Boot in Deutschland nicht als Nationale Klasse anerkannt ist, wohl aber bei der ISAF als internationale Klasse.
- **Von der ISAF** anerkannte Klasse: In einer anerkannten Klasse zu segeln ist nicht so toll wie in einer internationalen Klasse. Aber es ist besser, als einen Nobody über das Wasser zu prügeln … Von einer anerkannten Klasse wird erwartet, dass sie in vier Ländern der Welt vertreten ist – oder in drei Ländern, die dann aber auf zwei Kontinente verteilt sein müssen.

Weiterhin kann der DSV noch Klassen anerkennen, die zwar nicht unter die bisher genannten Kriterien fallen, die aber trotzdem weit verbreitet sind. Das trifft etwa für Boote zu, die in früheren Jahrzehnten olympisch waren, es aber heute nicht mehr sind. Die heißen dann **anerkannte Klasse (vom DSV)**. Daneben gibt es auch noch die **Verbandsklasse, die registrierte Klasse** oder die **regionale Klasse**. Die letzte Kategorie trägt der Tatsache Rechnung, dass manche Boote wirklich nur auf eine Region beschränkt sind oder waren, wie die Eikplast aus der DDR.
Wenn Sie bis jetzt alles verstanden haben, hätte ich noch einen Nachschlag zum Verkomplizieren: Da wären zum einen die **Werftklassen**. Dabei handelt es sich um Boote, die nur von einer einzigen Werft hergestellt werden, die die Bauausführung auch überwacht.
Außerdem gibt es noch Konstruktionsklassen und Einheitsklassen (engl.: One Design). Bei Einheitsklassen ist es noch einfach: Es ist quasi alles vorgeschrieben; wie und aus welchem Material die Rümpfe zu bauen sind, wie die Segel beschaffen sein müssen, die Beschlaganordnung usw. Das führt dazu, dass ein Boot aus einer Einheitsklasse praktisch wie das andere ist.
Bei den Konstruktionsklassen ist die Angelegenheit schon variabler. Sie schreiben Grenzmaße vor, die auch in einer Formel wiedergegeben werden. Eine typische Formel kann z.B. sein, dass Länge und Breite des zu bauenden Bootes nicht größer als X sein dürfen. Dabei ist es egal, wie lang das Boot ist, solange das Ergebnis beim Verrechnen mit der Breite X nicht überschreitet. In der Praxis fließen in die Formel noch mehr Parameter als Länge und Breite ein. Zum Schluss gibt es noch die **Traditionsklassen**. Wie der Name schon vermuten lässt, versammeln sich hier Traditionsboote.

Segeln ist ein Teamsport – und dementsprechend fällt die Auswahl an Booten, die einhand gesegelt werden können, ziemlich schmal aus. Dabei handelt es sich eher um geschwindigkeitsorientierte Regattajollen.
Eine Einhandjolle ist zum einen interessant für Leute, die ernsthaft im Regattazirkus mitmischen wollen. Regattasegeln bedeutet einen ziemlich hohen zeitlichen Aufwand; in der Saison ist man an fast jedem Wochenende unterwegs zu einem anderen Gewässer, um an einem Wettkampf teilnehmen zu können. Der Aufwand vermindert sich schon mal deutlich, wenn man eine Einhandrennflunder wählt, die statt auf dem Trailer auf dem Autodach transportiert werden kann.
Ein weiterer Grund für den ambitionierten Sportler, sich für ein Einmannboot zu entscheiden: Es ist schon schwer für einen Einzelnen, wirklich jede Regatta besuchen zu können, um Siegpunkte in der Saison zu sammeln. Schließlich konkurrieren Schule, Studium oder Beruf ebenso um die knappe Zeit wie Freunde und Familie. Ein Partner auf einer Zweimannjolle ist in der gleichen Situation, aber nicht zwangsläufig zur gleichen Zeit. Da kann es schnell vorkommen, dass wegen dringender Verpflichtungen des einen oder anderen vier, sechs oder acht Wochenenden ausfallen – und dann ist es gelaufen mit einer guten Platzierung.

Auch ohne Wettkampfinteresse gibt es gute Gründe, sich für eine Einhandjolle zu entscheiden. Wer nach Feierabend gerne eine flotte Stunde am nächsten See segeln will, ist damit gut bedient. Einhandjollen sind per se schneller segelfertig, und so ist man in zwanzig Minuten vom Büro weg in seinem kleinen Nachmittagsurlaub. Man kann seinen handlichen Laser auch problemlos ans Wohnmobil oder an den Wohnwagen tackern, um ihn bei sich zu haben (das machen nicht wenige Leute).

Wer ein kleines, handliches Einmannboot zum Wandersegeln sucht, wird sich dagegen verwundert umsehen: Dieser Markt scheint gar nicht zu existieren. Wandersegler brauchen ein Boot, das stabil, sicher und leicht zu segeln ist und das genug Platz für die benötigte Ausrüstung wie Zelt, Plane, Verpflegung und den Rucksack oder Seesack mit der Kleidung bietet. Dazu will man auf der Wanderjolle einen Blick auf die Karte werfen und einen kleinen Kompass anbauen können – man braucht also Platz im Cockpit. Das alles sind nicht gerade die Kriterien, nach denen die gängigen Einmannboote konstruiert worden sind. Als Wandersegler sehen Sie sich besser nach einem Boot um, das für zwei oder mehr Leute konstruiert ist – schließlich gilt die Einschränkung »Zweierboot« in der Regel für den Regattabetrieb, und niemand verbietet einem, etwa einen Schwertzugvogel alleine zu segeln.

A-Cat

Siehe A-Cat unter Mehrrumpfboote (S. 102).

Contender

Name:	Contender
Kategorie:	Regattaboot
Crewstärke:	1
Crewgewicht optimal:	65–95 kg
Länge über Alles:	4,88 m
Breite über Alles:	1,44 m
Gewicht:	83 kg
Segelfläche:	10,8 qm
Takelungsart:	Cat
Yardstickzahl:	105
Klasse:	Internationale Klasse
Internet:	http://www.contenderclass.de
Besonderheiten:	Einhandtrapezjolle

Formschön, schnittig, elegant. Der Contender, dessen Entwurf Ende der 1960er Jahre vom Konstrukteur Bob Miller angefertigt wurde, ist ganz klar sportlich ausgelegt. Er sollte Olympisches Boot werden (was nicht klappte) und damit erfolgreich (was schon eher funktionierte). Seine Spezialität ist, dass er einhand und im Trapez gesegelt wird.

Die Konstruktion hat einigen Respekt verdient, weil Sportler von fast jeder Statur erfolgreich darauf segeln können. Man kann mit 73 kg nachweisbar Weltmeister werden, und »wenn Du gut segeln kannst, kannst Du mit 20 kg mehr auch eine Regatta bei wenig Wind gewinnen«, so Jens Krees, Pressesprecher bei den Contendern. Sieht man einen routinierten Contendersegler auf seinem Fahrzeug, freut man sich über die Kombination von Athletik und Feingefühl, mit der das Boot gesteuert werden kann und will.

Jens Krees segelt seins seit 6 Jahren. Warum den Contender und kein anderes Boot? »Ich wollte ein attraktives Einhandboot, bei dem die Leistungsspitze nicht so kadermäßig kompetitiv ist wie beim Finn oder Laser«, sagt er. Zudem

sei die Klasse eine lebendige Gemeinschaft. Der Contender wird aus GFK oder formverleimtem Sperrholz gebaut, wobei die Holzboote richtig edel aussehen.
Der Contender empfiehlt sich für die Regattabahn, kann aber auch als reine Spaßmaschine gesegelt werden. Wen es auf die Wettkampffelder zieht, der findet genügend gegnerische Boote. Bei Ranglistenregatten sind es etwa 20–30, manchmal auch mehr; die Contender-Rangliste kennt rund 120 Namen. An der letzten Weltmeisterschaft auf dem Comer See nahmen so-gar über 170 Segler teil. Die Dunkelziffer der Contenderfreunde außerhalb des Regattageschehens kann man in Deutschland auf rund 400 schätzen. Häufig findet man den Contender in Bremen, Hamburg, Kiel, Berlin, Leipzig, am Bodensee, am Lippesee und am Niederrhein.

Auch wenn der Contender ein durchaus anspruchsvolles Boot ist, wird einem der Einstieg in die Klasse leichtgemacht. Das liegt daran, dass die Klassenvereinigung eine Flotte von einem guten Dutzend Testboote unterhält, die extra für Segler gedacht sind, die sich für das Boot interessieren, aber nicht gleich eines kaufen wollen. Den Kontakt findet man über die Internetseite der Klassenvereinigung.
Entscheidet man sich dann für einen Contender, kann man Glück haben und für 1.500 Euro ein gebrauchtes Boot finden – dann aber eher als flottes Freizeitboot. Wer es regattatauglich haben will, kalkuliert mit 3.000 bis 6.000 Euro realistisch. Zwei Bootsbauer versorgen die Szene mit Neubauten. Komplett mit Carbonrigg und Persenning muss man für diese Einstiegsvariante mit 8.500 Euro rechnen.

Auf dem Contender braucht man bei Regatten Stehvermögen.

Europe

Name:	Europe
Kategorie:	Regattajolle
Crewstärke:	1
Crewgewicht optimal:	45–80 kg
Länge über Alles:	3,35 m
Breite über Alles:	1,38 m
Gewicht:	60 kg
Tiefgang:	0,25–1 m
Segelfläche:	7 qm
Masthöhe:	5,43 m
Takelungsart:	Cat
Yardstickzahl:	116
Klasse:	Olympische Klasse bis 2008
Internet:	http://www.europe-class.de/index.php/die-europe
Besonderheiten:	Umsteigerboot für Jugendliche

Wenn Kinder im Alter von 15 Jahren ihre Segelkarriere auf dem Optimisten beenden, dann ist ein Nachfolgeboot gefragt. Für flottes Segeln bieten sich mehrere Typen an: der Laser, der 420er – und die Europe.
Egal, auf welches der Boote man steigt – in jedem Fall ist das Ergebnis, »als ob man die Bremse losmacht«, sagt ein jugendlicher Europesegler. Konstrukteur war 1962 der Belgier Alois Roland. Ihm schwebte ein Flitzer vor, der hart im Nehmen ist und auch auf raueren Gewässern gesegelt werden kann.
Europesegler beschreiben ihr Boot im Vergleich zum Laser als weicher und dynamischer im Verhalten. Zudem hat das Boot deutlich mehr Trimmmöglichkeiten.

Wer gerne mit Trimmmöglichkeiten experimentiert, kann sich bei der Europe austoben.

Dazu kommt: Für die Europe gibt es unterschiedlich flexible Masten. Die Idee dahinter ist es, das Boot an das Gewicht des Seglers anpassen zu können. Dieser Unterschied zum Laser (den es praktisch nur von der Stange gibt) finden die einen gut, die anderen nicht. Gegner kritisieren, dass man sich bei der Europe Vorteile durch das Material kaufen kann. Befürworter entgegnen, dass man das Boot eben den eigenen Anforderungen entsprechend ausrüsten kann.

Für reine Sportsegler, die nicht unbedingt auf ein Vergleichsfeld mit anderen Europes angewiesen sind, könnte noch ein anderer Grund für das Boot sprechen: Man kann beim Ausreiten die Beine stärker anwinkeln und muss sie nicht so stark gestreckt halten wie im Laser. Das schont die Kräfte.
Gebrauchte Boote kosten zwischen 7.000 und 8.500 Euro.
Die Europe war bis 2008 Olympische Damenkasse und wurde dann vom Laser abgelöst.

Diese Europe hätte gerne mehr Wind.

Finn Dinghy

Name:	Finn Dinghy
Kategorie:	Regattajolle
Crewstärke:	1
Crewgewicht optimal:	80–100 kg
Länge über Alles:	4,50 m
Breite über Alles:	1,50 m
Gewicht:	116 kg
Tiefgang:	0,85 m
Segelfläche:	10 qm
Masthöhe:	7,1 m
Takelungsart:	Cat
Yardstickzahl:	110, 112 oder 114 abhängig von der Ausführung
Klasse:	Olympisch
Internet:	http://www.finnwelle.de
Besonderheiten:	Olympische Klasse seit 1952

Auf diesem Einhandboot sieht man öfter Segler, die sich mit einem Helm ausgerüstet haben. Das kommt nicht von ungefähr. Der Finn Dinghy fordert Aufmerksamkeit: Die Cattakelung des Finn bedingt einen langen Baum des 4,50 m langen Bootes – und der kann für eine veritable Beule sorgen, wenn er ungeplant temperamentvoll herumschwingt und dabei auf den Kopf trifft.
Beim Finn Dinghy ist das Rennsegeln direkt in den Genen eingebaut. Es ist ein Klassiker seit seiner Geburt im Jahr 1949. Die Linien sind alt, aber perfekt, gezeichnet von dem Schwe-

Das Finn Dinghy ermöglicht Feintrimm – die vielen Trimmleinen können Anfänger aber ein wenig überfordern ...

den Rickard Sarby. 1952 wurde es Olympische Bootsklasse und ist es seitdem geblieben.
Man muss kein guter Segler sein, um das Finn Dinghy zu beherrschen, man muss ein ausgezeichneter Segler sein. Das bedeutet konkret: Der Finnsegler braucht ein überdurchschnittliches Gefühl für Gewichtstrimm, viel Erfahrung, um den subtilen Mast- und Segeltrimm richtig einzustellen, und außerdem muss er ein austrainierter Athlet sein, um das Boot auszureiten. Wer diese Eigenschaften mitbringt, kann das Finn Dinghy auch in rauerem Wasser sauber segeln. Seine Tradition als ewiges Olympiaboot bringt es mit sich, dass sich eher die Spitzenkräfte des Segelsports beim Finn Dinghy treffen. Wer sich für das Finnsegeln entscheidet, entscheidet sich also für eine Regattaszene, in der man auf die Besten trifft.
Bis 1960 wurden die Boote aus Holz gebaut, danach aus Kunststoff. Eine Besonderheit liegt in der bootsbauerischen Evolution des unverstagten – also freistehenden, nicht durch Wanten abgespannten – Masten und der Segel. In den Antrieb des Bootes floss der Erfindergeist der Szene: »Aus kohlefaserverstärktem Kunststoff gefertigt, mit tropfenförmigem Querschnitt, freistehend und trotzdem mit genau zum Segel passender Biegekurve, zweieinhalb- bis dreieinhalbtausend Euro teuer, aber selbst diesen Preis wert«, so schwärmt die Internetseite der Klassenvereinigung. Hightechsegel, die genau null Millimeter Reck haben, lassen sich aufs Feinste einstellen – und müssen auch so penibel getrimmt werden, um bei der Wettfahrt eine Chance zu haben.
Neue Boote kosten zwischen 12.000 und 15.000 Euro – Mast und Segel kommen extra. Gebrauchte gibt es – je nach Zustand und Ausrüstung – etwa zwischen 2.000 und 12.000 Euro.

Flash

Siehe Splash (S. 33).

Laser

Name:	Laser
Kategorie:	Regatta- und Freizeitjolle
Crewstärke:	1
Crewgewicht optimal:	4,7: 40–55 kg Radial: 55–70 kg Standard: 70 kg +.
Länge über Alles:	4,23 m
Breite über Alles:	1,37 m
Gewicht:	65 kg
Tiefgang:	0,8 m
Segelfläche:	4,7: 4,7 qm Radial: 5,7 qm Standard: 7,06 qm
Masthöhe:	5,37 m
Takelungsart:	Cat
Yardstickzahl:	4,7: 126, Radial: 114 Standard: 113
Klasse:	Olympisch, One Design
Besonderheiten:	Es gibt den Laser in drei Ausführungen: Standard, Radial, Laser 4,7. Entsprechend gelten die Yardstickzahlen.

Einen Laser hat jeder schon einmal gesehen. Er sieht aus wie eine Kreuzung zwischen einem Surfbrett und einem Boot – und damit verrät das Design schon die Bestimmung des Lasers: schnell sein. Der Amerikaner Bruce Kirby entwarf den Laser 1970.
Das Boot hat derzeit einen sehr guten Stand in der Gemeinde der Temposegler; es ist olympisch, und zwar sowohl bei den Damen als auch bei den Herren. Es ist sehr weit verbreitet, kostengünstig und dafür, dass es ein rasendes Segelbrett ist, ist es einfach zu beherrschen. Das erkauft man sich unter anderem damit,

dass die Trimmmöglichkeiten etwa im Vergleich zur Europe reduziert sind.

Geschätzte 190.000 Boote ziehen ihre Spur über die Gewässer der Welt – da ist die Wahrscheinlichkeit groß, dass man als Einhandregattasegler genügend Kombattanten findet. Direkte Konkurrentin des Lasers ist die Europe, die im Kampf um die Beliebtheit des Publikums einen entscheidenden Punkt verloren hat: 2008 ersetzte der Laser die Europe als Olympiaboot. Kippt der Laser mal um, ist das für den geübten Lasersegler kein Problem. Mit ein bisschen Übung kippt man ihn einfach wieder richtig; gute Lasersegler werden dabei noch nicht einmal nass. Ich konnte Lasersegler beobachten, die im Rudel unterwegs waren. Die schnellsten Segler kenterten ihre Boote absichtlich, warteten auf der Kante sitzend, bis die langsameren aufgeschlossen hatten, richteten ihre Laser in Sekundenschnelle wieder auf und segelten im Verband weiter.

Materialschlachten sind beim Laser nicht möglich. Er ist ein One-Design-Boot, das bedeutet: Wie und womit man einen Laser baut, ist haarklein vorgeschrieben. Es gibt keine Möglichkeit, sich mit einem Carbonmasten oder Titanschwert einen Vorteil zu verschaffen, weil es auf den Regattabahnen schlicht nicht erlaubt ist. Bei einer Laserregatta kann man sicher sein, dass der bessere Segler gewinnt – nicht der, der das meiste Geld in die Ausrüstung gesteckt hat.

Trotzdem gibt es Unterschiede – die tragen aber eher zur Popularität bei, als Verwirrung zu stiften: Bei gleichem Bootskörper kann man unterschiedliche Segelgrößen wählen. Da ist der Laser 4,7, der so heißt, weil er mit 4,7 qm die kleinste Segelfläche hat. Damit bietet er sich für Jugendliche an, die dem Optimisten entwachsen sind und endlich einmal schnell sein wollen. Die zweite Variante ist der Laser Radial mit einer Segelfläche von 5,7 qm. Der ist Olympische Klasse für die Damen. Und schließlich der Laser Standard, der mit 7,06 qm die größte Segelfläche hat und Olympisches Boot der Herren ist. Neben diesem populärsten Boot mit dem Laserstrahl im Segel gibt es noch Variationen wie den Laser II, Laser 2000, 4000, 5000. Für einen gebrauchten Laser muss man zwischen 2.000 und 5.500 Euro hinblättern. Der Preis für ein neues Boot liegt zwischen 6.000 und 6.300 Euro, kann aber bei diversen Ausstattungsgadgets wie etwa einem Kompass noch steigen.

Moth

Man hört fast gar nichts. Mit leichtem Surren fliegt die Motte am Zuschauer vorbei, und wer an einen Nachtfalter denkt, hat ein vergleichbares Geräusch im Ohr. In diesem Fall allerdings ist die Motte ein Segelboot, ein sehr schnelles. Und eines, das anders ist, als ein normales Segelboot. Ein solches verdrängt Wasser oder gleitet darüber. Die Moth ist ein Skiff. Sie arbeitet seit dem Jahr 2000 mit einer Technik, die man aus der Fliegerei kennt. Tragflügel heben das Boot aus dem Wasser, der Widerstand des Rumpfes verschwindet in den Bereich kleinster Werte.

Name:	Moth
Kategorie:	Skiff, Regattaboot, Freizeitboot
Crewstärke:	1
Crewgewicht optimal:	60–70 kg
Länge über Alles:	max. 3,35 m
Breite über Alles:	max. 2,25 m
Gewicht:	30 kg
Tiefgang:	0,1–1,2 m
Segelfläche:	8 qm
Masthöhe:	max. 6,25 m
Takelungsart:	Cat
Yardstickzahl:	80
Klasse:	Konstruktionsklasse
Internet:	http://www.imoth.de/
Besonderheiten:	Skiff, Hydrofoils unter Schwert und Ruder

Eine Motte unterwegs – Segelfliegen mal ganz anders.

Jens Zurmühl segelt eine Moth am Möhnesee. »Wenn man raushebt, hören die Geräusche auf. Dann fängt das Boot an zu singen«.
Die Motte ist eine eigene Konstruktionsklasse. Die ersten Motten wurden Anfang der 1930er Jahre gebaut, 1972 erlangten sie den Status einer internationalen Klasse (int. imoth). Weil im Gegensatz zu anderen Klassen Neuheiten nicht gleich wieder verboten werden, geht die Entwicklung der Motte immer weiter. Heute gibt es mehrere Hersteller.
Es ist ein Einhandboot und ein Boot für junge wie junggebliebene Segler. Man trifft durchaus Segler, die die Sechzig überschritten haben. Eher für das Gewicht gibt es ein Minimum und ein Maximum: 50–90 oder 100 kg darf man auf die Waage bringen, ideal wären etwa 60–70 kg; das hängt auch von den Windverhältnissen ab.
Gewichts- und Segeltrimm ist das Kernstück beim Trimmen. Beim Segeltrimm ist Standard: Niederholer, Cunningham, Unterliek. Dazu kommt das für die meisten Segler ungewohnte Flügeltrimmen unter dem Boot. Wenn der Grundtrimm stimmt, kann man das Ruderfoil beim Segeln noch nachtrimmen. Außerdem muss man sich mit dem Hydrofoil (»Flugbahnregulierung«) auseinandersetzen: Auch hier gibt es einen Grundtrimm, der beim Segel noch nachjustiert werden kann.
Man kann die Motte alleine segeln. Aber auf Regatten lernt man mehr. »Am Anfang ist es nichts Ungewöhnliches, wenn man öfter baden geht«, so Zurmühl. Und: »Es ist ein absolut direktes Segeln und sauschnell.« (Nicht nur auf Regatten erreichen die Boote eine Geschwindigkeit von 50–55 km/h.) Die Regattafelder in Deutschland haben eine Größe von 6 bis 40 Booten.
Bei der Verteilung der Motten finden sich in Deutschland Nord-Süd-Peaks. Während sie in der Mitte wenig vertreten sind, findet man sie in der Schleswiger Gegend, in Berlin, am Ammersee, Starnberger See und Walchensee.
Für ein neues Boot muss man 16.000 € einkalkulieren, eine schöne Hydrofoilmotte in gutem Zustand bekommt man für ungefähr 3.500 €. Wie Sand am Meer sind diese Boote nicht zu finden. Ist man aber fündig geworden, hat man, so Zurmühl, »ein superscharfes Boot.«

Musto Skiff

Name:	Musto Skiff
Kategorie:	Regattaboot, Skiff
Crewstärke:	1
Crewgewicht optimal:	60–85 kg
Länge über Alles:	4,55 m
Breite über Alles:	2,35 m
Gewicht:	85 kg
Segelfläche:	11,5 qm/15,5 qm (Gennaker)
Masthöhe:	7,0 m
Takelungsart:	Slup
Yardstickzahl:	94
Klasse:	Internationale Einheitsklasse
Internet:	http://www.mustoskiff.de

»Extrem agil, sehr direkt. Der Musto Skiff reagiert empfindlich auf die Schotspannung und Steuerbefehle«, so beschreibt Florian Kemper von der Klassenvereinigung der Musto-Skiff-Segler den Bootstyp. »Am Anfang schlägt man sich noch viel damit herum, nicht zu kentern.« Wer dann bei 5 Beaufort noch oben bleibt, ist schon gut.

Skiffs sind Boote, die möglichst sofort möglichst schnell werden sollen. Von der Verdrängerfahrt in die Gleitfahrt übergehen, das können auch andere Jollen. Der Unterschied: Verdrängerfahrt kann flott sein – Gleitfahrt fühlt sich an, als wäre ein Turbo dazugeschaltet. Skiffs gehen schon bei relativ wenig Wind in den Gleitmodus.

Joachim Harprecht hat den Musto Skiff im Jahr 1999 entworfen. Der Knickspanter mit durchgelattetem Großsegel hat den Vorzug, dass sowohl leichte als auch schwere Segler Siegchancen haben. Leicht heißt in diesem Fall 65 kg und schwer über 90 kg. Der Segler muss allerdings neben der Bootsbeherrschung eine gehörige körperliche Fitness und Reaktionsschnelligkeit mitbringen.

Hat man das Boot in den Griff bekommen, fliegt man bei passendem Wind mit 20 Knoten über die Wasserfläche, und dabei kann es passieren, dass der Skiff wie ein flach geworfener Kieselstein über das Wasser hüpft. Skiffsegler kennen den Effekt, dass ihr Boot nach einem Hüpfer mit dem Heck zuerst wieder ins Wasser einsetzt.

Über 500 Boote haben ihre Besitzer von ihren Eigenschaften überzeugt. Etwa 200 davon finden sich in England, dem Mutterland der Musto Skiffs; in Deutschland gibt es etwa 60 Boote, davon sind 40 in der Klassenvereinigung vertreten.

Der Einsatzzweck des Musto Skiff liegt hauptsächlich in der Regattasegelei – die Regattafelder reichen von 6 bis zu 25 Booten. Bei großen Wettbewerben wie einer Weltmeisterschaft waren es zuletzt knapp über 100. »Die Wettfahrten sind kurz und intensiv. Bei viel Wind fährt man dreißig bis vierzig Minuten hochkonzentriert.« Allerdings gibt es auch ein paar Skiffsegler, die ihr Boot einfach nur für sich zum Spaß über die Gewässer jagen.

Die Preise für Gebrauchtboote liegen etwa zwischen 4.000 und 10.000 Euro, für Neuboote bei rund 12.000 Euro.

Foto: Ulrich Weigel, SCAI.

O-Jolle

Die Jollen, die in den 20er- und 30er Jahren des vorigen Jahrhunderts gebaut wurden, sind mit am schönsten anzusehen. Die Konstrukteure mochten runde, weiche Formen, die sich ins Wasser schmiegen. Wenn man eine moderne O-Jolle ansieht, hat sich zwar das Baumaterial geändert, nicht aber die Formensprache.
Die O-Jolle ist mit 5 Metern Länge ein recht großes Einmannboot. 1933 wurde sie von Helmut Stauch für die Olympiade 1936 gezeichnet – damals noch mit einer Segelfläche von 10 qm. Die konstruktiven Herausforderungen waren nicht ohne: Das Boot sollte einerseits

Name:	O-Jolle
Kategorie:	Regattaboot, sportliches Freizeitboot
Crewstärke:	1
Crewgewicht optimal:	nicht entscheidend
Länge über Alles:	5,0 m
Breite über Alles:	1,66 m
Gewicht:	min. 160 kg, Mindestgewicht ohne Ruder, Schwert und Rigg
Tiefgang:	0,15–1,10 m
Segelfläche:	11,5 qm
Masthöhe:	6,80 m
Takelungsart:	Cat
Yardstickzahl:	114
Klasse:	Nationale Klasse
Internet:	http://www.o-jolle.de

Bild: Horst Kaufmann.

Die O-Jolle kann auch schräg …

auf Binnengewässern leicht und schnell genug sein, um Renntempo zu segeln. Gleichzeitig sollte es aber auf rauerem Wasser wie etwa der Kieler Förde nicht überfordert sein. Eine der Anforderungen war auch, dass das Gewicht des Seglers nicht ausschlaggebend für die Performance sein sollte. Ein O-Jollensegler sagte mir aber, man solle dafür besser nicht zu leicht sein. Anfangs aus Holz gebaut, werden O-Jollen heute meist mit GFK-Rumpf und Holzdeck hergestellt. Es gibt auch O-Jollen aus Voll-GFK, aber rein optisch ist das Holzdeck eine schöne Reminiszenz an die Geschichte des Bootes.
Bis heute ist die O-Jolle einerseits ein Regattaboot mit einer aktiven Klassenvereinigung und über 80 Regatten jährlich in allen Teilen Deutschlands und im benachbarten Ausland. O-Jollen-Flotten finden sich außer in Deutschland auch in den Niederlanden, in Österreich, der Schweiz und Italien. Wer vorne mitfahren will, sollte die anspruchsvollen Trimmeinrichtungen beherrschen – dann ist das Boot auch bei Starkwind schön zu fahren. Andererseits ist die O-Jolle auch ein geeignetes Spaßboot für wettkampfloses, aber ambitioniertes Jollensegeln. Wer keine Wettkämpfe bestreiten will, ist natürlich auch nicht daran gebunden, das Boot alleine zu segeln. Tatsächlich vertragen die 5 m Bootslänge und die bei älteren Booten geräumige Plicht ohne Weiteres einen Partner, der allerdings bis auf den Gewichtstrimm weitgehend arbeitslos ist. Als catgetakelte Jolle hat sie nur ein Großsegel ohne Fock. Dafür ist der Baum recht lang – das sollte man respektvoll berücksichtigen, wenn er mal unkontrolliert auf die andere Seite schwingen will.
Die Preise für Gebrauchtboote sind weit gespreizt; Sie finden welche für 2.000 bis 3.000 Euro ebenso wie für 18 000 Euro.

Nach der Regatta.

OK-Jolle

Name:	OK-Jolle
Kategorie:	Regattaboot
Crewstärke:	1
Crewgewicht optimal:	min. 70–75 kg
Länge über Alles:	4,00 m
Breite über Alles:	1,42 m
Gewicht:	72 kg
Tiefgang:	0,12–0,95 m
Segelfläche:	8,25 qm
Takelungsart:	Cat
Yardstickzahl:	116
Klasse:	Internationale Klasse
Internet:	http://www.ok-jolle.de

»Das ist das beste Boot der Welt«, sagt Uli Borchers grinsend; nach beendeter Regatta am Halterner See (NRW) schiebt er seine OK-Jolle auf den Trailer und rollt ihn den Slipweg hoch. Eine hübsche Jolle. Durch Vordeck und ausladendes Achterdeck ergibt sich eine kleine Cockpitwanne für den Einhandregattasegler. Anfangs – das war 1956 – war die OK-Jolle des dänischen Konstrukteurs Knut Olsen aus Sperrholz. Es gibt auch Boote, z.B. das auf dem Foto, bei denen der

Körper aus GFK und das Deck aus Sperrholz ist. Außerdem kreuzen Ganz-GFK- bzw. Sandwichkonstruktionen auf den Regattabahnen.
Das Boot ist ganz klar ein Regattaboot. »Man braucht Kondition und Gewicht – 70 bis 75 kg sollten es schon sein. Ab 3 Beaufort reitet man aus, und man muss es beherrschen. Aber wenn man es beherrscht, kann man auch bei rauem Wasser rund um Fehmarn fahren.« Auch 1,5 m Welle könne das Boot wegstecken – vorausgesetzt, der Segler kann 1,5 m Welle wegstecken, denn dieser ist der limitierende Faktor auf dem kleinen und wendigen Knickspanter. Zur Beherrschung des Bootes gehört auch der sichere Umgang mit den Trimmmöglichkeiten. Das Segel kann nach vorn und nach achtern getrimmt werden; Unterliekstrecker, Baumniederholer und Cunningham bilden zusammen die Parameter, mit denen man das Segelverhalten des catgetakelten Bootes an die Windbedingungen anpassen kann.
Man findet die OK-Jolle in vielen Ländern: Australien, Schweden, Niederlande, Frankreich, Deutschland. Die Regattafelder sind groß genug, um einen ernsthaften Wettbewerb zuzulassen: 20 bis 25 Boote sind Standard, auch Felder von 35 Booten sind keine Seltenheit.
Die genannten Eigenschaften lassen schon ahnen: Die OK-Jolle ist kein Einsteigerboot. Wer frisch von der Segelschule kommt, sollte sich für ein anderes Boot entscheiden. Wer dagegen die seglerische Herausforderung auf einem kleinen und schönen Einmannboot sucht, der findet eine gebrauchte OK-Jolle für einen Preis zwischen 1.000 und 4.000 Euro. Da es sich um eine Konstruktionsklasse handelt, sind etwa sehr unterschiedliche Beschlaganordnungen möglich. Außerdem sind OK-Jollen teils stark individualisiert – so gibt es Masten, deren Eigenschaften auf das Körpergewicht des Seglers angepasst sind. Die Preise für neue Boote liegen um die 7.000 Euro.

Open Bic

Das ist ein Boot, mit dem Kinder und Jugendliche ihren Spaß haben sollen. Eine Gleitjolle, die für Regatten gedacht ist oder als sportliches Freizeitboot. Entwickelt 2005 in Frankreich, hat sie eine Besonderheit, die Kindern den Umstieg vom Optimisten erleichtern soll: Das Rigg des Opti kann auf dem Open Bic verwendet werden. Der Bootsrumpf sieht aus wie der Boden eines Bügeleisens, das durch die Abschlussklasse des Designers Luigi Colani gegangen ist. Kinder, die vom Optimisten auf den Open Bic klettern, stellen fest, dass das neue Boot deutlich kippeliger ist. Das ist aber nicht weiter schlimm; wenn man mal kentert, läuft das Wasser aus der offenen Form blitzschnell wieder heraus. Zudem liegt der optimale Gewichtstrimm weiter vorne als bei dem Einsteigerboot. Interessant ist das Regattaformat, das sich für die flitzenden Dreiecke entwickelt hat: In einem bestimmten Abschnitt des Regattafeldes kommen technische Übungen dazu. Das heißt: Die

13- bis 16-Jährigen sollen auf der Kreuz kentern und wieder aufrichten, müssen rückwärts durch ein Tor oder Slalom fahren.
In Deutschland gibt es drei Spots für die Open Bic-Szene: NRW, Norddeutschland und Bodensee. Ansonsten ist der 2,75-m-Zwerg international; die Regattafelder setzen sich aus Franzosen, Italienern, Deutschen, Japanern und Amerikanern zusammen. Das Boot hat derzeit keine Yardstickzahl – unter anderem, weil der Segelnachwuchs innerhalb der Klasse die Regatten ausfährt, und eher nicht an Yardstickrennen teilnimmt.
Gebrauchtboote bekommt man für einen Preis zwischen 1.300 und 1.700 Euro. Für ein neues Boot zahlt man ab 2.700 Euro.

Name:	Open Bic
Kategorie:	Regattaboot, Freizeitboot
Crewstärke:	1
Crewgewicht optimal:	50–65 kg
Länge über Alles:	2,75 m
Breite über Alles:	1,14 m
Gewicht:	45 kg Rumpfgewicht
Tiefgang:	0,85 m
Segelfläche:	4,5 qm
Masthöhe:	3,90 m
Takelungsart:	Cat
Yardstickzahl:	noch nicht ermittelt
Klasse:	Internationale Klasse, relativ junge Konstruktion Yardstick existiert noch nicht.
Internet:	http://open-bic.com

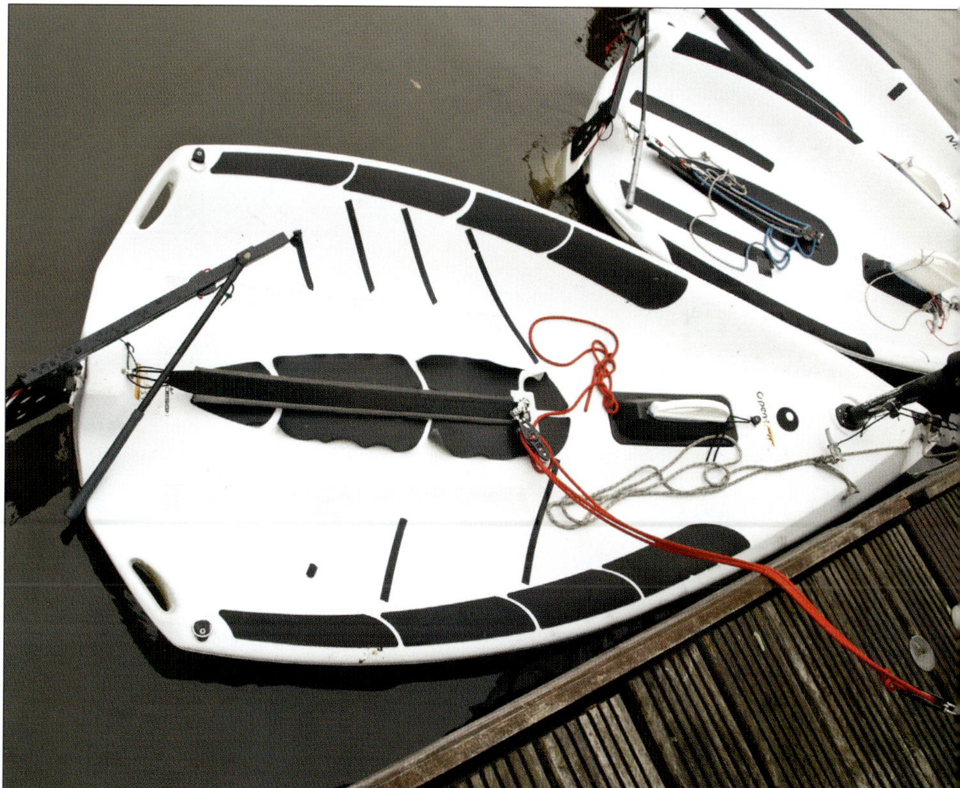

Flottes Design für ein Kinder- und Jugendboot.

Zwischen zwei Läufen: Open Bic am Steg.

Optimist

Name:	Optimist
Kategorie:	Kinder- und Jugendboot
Crewstärke:	1
Länge über Alles:	2,3 m
Breite über Alles:	1,13 m
Gewicht:	45 kg
Tiefgang:	0,65 m
Segelfläche:	3,5 qm
Masthöhe:	2,35 m
Takelungsart:	Cat mit Spriettakelung
Yardstickzahl:	173
Klasse:	International
Internet:	http://www.dodv.org/

Der Optimist sieht aus wie eine Seifenkiste ohne Räder, und die Legende will es, dass er nach diesem Vorbild entstanden ist: Räder weg, Löcher dicht, Stange drauf und Segel dran – fertig. Die Konstruktionsidee des Amerikaners Clark Mills war es, ein Kinder- und Jugendboot zu entwerfen, das einfach zu bauen und für Kinder leicht zu segeln ist. 1947 hat er es entworfen, und in der Folgezeit verbreitete es sich in der gesamten segelnden Welt. Seitdem ist es

das Ausbildungsboot für den Segelnachwuchs und dazu eine beliebte Regattaklasse.
Da es mit rund 45 Kilogramm sehr leicht ist, können Kinder das Boot nicht nur einfach segeln, sondern auch selbst zu Wasser lassen. Der Mast wird in ein Loch gesteckt und hält ohne Verstagung, das Schwert wird durch einen Gummizug in seiner Position gehalten. Alles an dem Boot ist einfach, aber sinnvoll.
Weitere Vorzüge des liebevoll »Opti« genannten Bootes liegen in seiner ungeheuren Verbreitung, die in die Hunderttausende geht. Die nationale Klassenvereinigung »DODV« geht von rund 500.000 Booten aus; damit würde der Optimist zu den größten Bootsklassen der Welt zählen. Auf nahezu jeder besegelbaren Pfütze befindet sich eine Flotte von Optimisten und damit auch eine attraktive Anzahl von Booten, um eine Regatta bestreiten zu können. Trotz seines etwas plumpen Erscheinungsbildes, das an einen Prahm erinnert, kann der Optimist erstaunliche Windbedingungen vertragen und bleibt dabei gut handhabbar.
Die Urform des Optimisten war noch ein Sperrholzbau aus fünf Platten, mittlerweile dominiert GFK die Klasse. Wer Interesse daran hat, bootsbauerische Kurse für Laien zu belegen, wird häufig einen Optimisten bauen; es ist ein richtiges Boot und dabei einfach herzustellen. Auffällig ist, dass der Optimist catgetakelt ist. Das bedeutet: Es gibt nur ein einziges Segel, kein Vorsegel. Auch das ist die konsequente Fortführung der Leitidee, ein einfaches Boot zu bauen. Das Segel ist ein Sprietsegel – eine ansonsten unübliche Besegelung, die aber von den Kindern schnell begriffen wird. Ein neues Boot kostet im günstigen Fall um die 1.000 Euro, gebraucht kann man es etwa für die Hälfte bekommen. Außerdem findet man im Internet Bausätze und Konstruktionszeichnungen.

Optimisten findet man auf nahezu jedem besegelbaren Gewässer.

Seggerling

Ein Knickspanter – und so schön anzusehen. Die feinen Linien dienen zweifellos dem schnellen Fortkommen auf diesem Einhandboot. Aber Konstrukteur Dr. Jüs Segger hat 1987 außerdem einen besonderen Augenschmeichler entworfen. Man bekommt noch mehr Respekt vor dem Entwurf, wenn man weiß, dass Segger bei seinen Bauplänen außerdem ein Boot im Sinn hatte, das auch von Laien im Selbstbau relativ problemlos gefertigt werden kann.

Name:	Seggerling
Kategorie:	Regattaboot, Freizeitboot
Crewstärke:	1
Länge über Alles:	4,70 m
Breite über Alles:	1,60 m
Gewicht:	min. 60 kg
Tiefgang:	1,00 m
Segelfläche:	8 qm
Masthöhe:	5,80 m
Takelungsart:	Cat
Yardstickzahl:	115
Internet:	http://seggerling.de
Besonderheiten:	Selbstbausätze zu kaufen

Schade, dass man das Boot nicht so häufig sehen kann; mittlerweile ist die Baunummer 400 gebaut. Das ist nicht wenig, aber auch nicht richtig viel. Man findet es in der Gegend von Waren, in Baden-Württemberg oder in Schleswig-Holstein auch schon mal im Schwarm. Bei den German Open waren zuletzt 30 Seggerlinge am Start, so dass die Seggerlingsegler ausreichend Gegner für einen Vergleich vorfanden.
Zudem ist der Seggerling ein offenes Bekenntnis: Flott soll er wohl sein, aber auch von älteren Semestern gut zu segeln. Der Segler, den ich nach seinem Boot befrage, sagte trocken »das ist der Laser für ältere Herren«. Die Bedienung ist etwas komfortabler, das Boot hat einen »Flautensitz« links und rechts vom Schwertkasten.
Die Optik des Bootes hat es mir angetan. Das Holzdeck ist an den Seiten dort breiter ausgelegt, wo man das Boot ausreitet – das soll den Hebel vergrößern. Die feinen Linien sind schnittig und am Heck liebevoll schnörkelig. Bei Windstärke 3 kommt der Seggerling ins Gleiten. Bei mehr Wind ist er anstrengend, und allgemein ist er rank, »man kann nicht einfach aufs Seitendeck treten, um einzusteigen. Dann kippt er nämlich um.«
Die Boote werden aus 5-lagigem Sperrholz gebaut. Wer mag, kann einen Bauplan oder einen Bausatz bestellen, das kann die Hälfte des Neupreises sparen. Gebrauchte Boote gibt

Auffälliges Segelzeichen, durchgelattetes Großsegel und schöne Linien: Den Seggerling erkennt man.

Splash/Flash

Name:	Splash/Flash
Kategorie:	Regattaboot
Crewstärke:	1
Crewgewicht optimal:	45–50 kg
Länge über Alles:	3,55 m
Breite über Alles:	1,30 m
Gewicht:	55 kg
Tiefgang:	0,72 m
Segelfläche:	5,5 qm/7 qm
Takelungsart:	Cat
Yardstickzahl:	121
Klasse:	Internationale Einheitsklasse
Internet:	http://www.splash-flash.de/
Besonderheiten:	Boot ist mit größerem Rigg aufrüstbar.

Die Splash ist eine Einhandjolle für Jugendliche mit dem Vorteil, dass sie mitwachsen kann. Hat man den Optimisten ausgesegelt, kann man ab 12 oder 13 Jahren auf die Splash umsteigen. Mit einem Körpergewicht zwischen 45 und 50 kg hat man beste Chancen, das Boot schnell voranzutreiben. Ein paar Jahre später bleibt man auf dem Boot, wechselt aber das Rigg: Nun hat man statt einer Splash eine Flash und damit 7 qm Segelfläche statt der vorherigen 5,5. Das hat für die Eltern den Vorteil, dass nicht gleich ein neues Boot gekauft werden muss. Die Kosten für die Umrüstung halten sich mit etwa 700 Euro in Grenzen. Das war die Idee des Konstrukteurs Roel Wester, selbst Segler einer OK-Jolle (S. 24).
Auf dem leichten Einhandboot lernen die Jugendlichen Trimm-Einstellungen, Körperbeherrschung und Taktik bei Regatten. Die Eltern segeln auf den Regatten gerne die Flash mit, deshalb starten beide Klassen auf Regatten oft zusammen. Grundsätzlich empfehlen sich Splash und Flash auch als Boote für den sportlich interessierten Freizeitsegler, der dem Regattreiben fernbleibt. Es gibt rund 3.500 Boote, die meisten davon im europäischen Ausland. In den Niederlanden gibt es Regattafelder von 100 Booten – und ein Boot, das in den segelverrückten Niederlanden nennenswert vertreten ist, kann nicht ganz erfolglos sein. In Deutschland will sich die Splash gerade durchsetzen. Für ein neues Boot legt man 5.000 Euro auf die Ladentheke, gebrauchte Exemplare bekommt man etwa ab 1.500 Euro.

Spritziger Flitzer: die Splash auf einer Regatta. Foto: Wilhelmine Daum.

Topper

Name:	Topper
Kategorie:	Regattaboot, Freizeitboot
Crewstärke:	1
Länge über Alles:	3,40 m
Breite über Alles:	1,20 m
Gewicht:	59 kg
Tiefgang:	0,08–0,80 m
Segelfläche:	4,2 qm oder 5,3 qm
Masthöhe:	5,8 m
Takelungsart:	Cat
Yardstickzahl:	139
Klasse:	Internationale Klasse
Internet:	http://www.topper-segeln.de

Der Topper ist ein Engländer und er ist eine Autodachjolle. Auf englischen Booten findet man die Großschotführung häufig am Heck. Das ist auch beim Topper der Fall – zumindest wahlweise, denn als Regattasegler kann man sich auch für eine Schotführung in der Cockpitmitte entscheiden. Der Topper wird aus gespritztem Kunststoff (Polypropylen) hergestellt und ist nahezu unverwüstlich.
Das catgetakelte Boot sieht ein bisschen aus wie ein Bügelbrett mit Segel, das übersichtliche Design verrät die Auslegung als flottes Freizeit- oder Regattaboot. Als Freizeitboot kann man es mit zwei Seglern besetzen, auf Regatten fährt man es einhand. Entsprechend gibt es zwei Versionen: Standard oder Race. Bei beiden Versionen besteht die Wahl zwischen einem kleinen (4,2 qm) oder einem großen Segel (5,3 qm). 46.000 Boote sind bislang produziert worden, die meisten davon findet man im Mutterland, es gibt aber auch eine deutsche Topperszene.
Für ein neues Boot muss man mit Kosten zwischen 3.700 und 4.000 Euro rechnen.

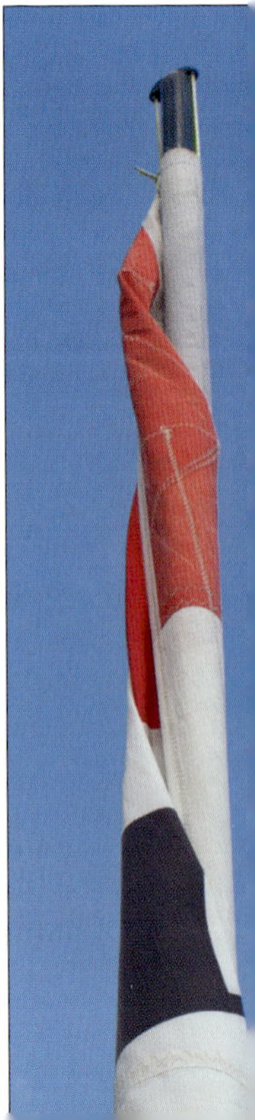

Beim Topper wird das Großsegel einfach am Mast aufgerollt.

Zoom 8

Name:	Zoom 8
Kategorie:	Jugendboot, Freizeitboot
Crewstärke:	1
Länge über Alles:	2,65 m
Breite über Alles:	1,45 m
Gewicht:	44 kg
Segelfläche:	4,80 qm
Masthöhe:	4,65 qm
Takelungsart:	Cat
Yardstickzahl:	140
Klasse:	Internationale Einheitsklasse
Internet:	http://www.zoom8class.de

Die Zoom 8 ist ein Kinder- und Jugendboot. Entwickelt in Finnland, hat sie ihre größte Verbreitung in Skandinavien. In Deutschland ist die Klassenvereinigung mit etwas mehr als einer Handvoll Segler eher klein, beliebt ist die Zoom 8 in Österreich. Das Boot sieht schnittiger aus als ein Optimist und ist klein und leicht genug, um von Jungseglern auch außerhalb des Wassers gehandelt zu werden, und hat ein aufgeräumtes Cockpit.

Die Idee der Zoom 8 lässt sich in drei Punkten zusammenfassen: Schnell soll der Rundspanter sein, sicher und einfach zu bedienen. Schneller als der Optimist (was nicht so besonders schwer ist) und leichter zu segeln als ein Laser. Das Boot dient der Aus- und Weiterbildung des segelnden Nachwuchses und auch dem Regattatraining. Damit ist klar, dass es auch für Anfänger geeignet ist.

Da die Bootsklasse klein und noch nicht sehr alt ist, unterscheiden sich Neu- und Gebrauchtpreise nicht sehr stark: Gebraucht ist die Zoom 8 im günstigen Fall ab etwa 3.000 Euro zu haben, neu kostet sie segelfertig um die 5.000 Euro.

Jollen für 2 oder mehr Segler

Solange man nicht Regatta segelt, kann man die Empfehlung »Einhandboot« oder »Boot für 2 oder mehr Personen« flexibel auslegen. Letztlich sind der zur Verfügung stehende Platz, die Tragfähigkeit des Bootes, Wind- und Wellenverhältnisse sowie die Auslegung von Schoten und Trimmleinen (kommt man alleine bequem dran, wenn man sie braucht?) limitierende Faktoren für die Crewstärke an Bord. Außerhalb von Wettbewerben kann man etwa ohne Probleme die als Einhandboot konstruierte O-Jolle mit zwei oder gar drei Seglern besetzen. Und man kann genauso gut ein Boot wie den Schwertzugvogel, der in der Regatta mit zwei Leuten besetzt wird, alleine segeln, solange man als Segler vom Wind und den wirkenden Kräften nicht überfordert ist.

Ich segle zum Beispiel gerne die Aquila – eigentlich ein Zweimannboot – alleine. Als Einhandsegler entscheidet man sich dann eben bei zu viel Wind dafür, früh zu reffen, das Vorsegel wegzulassen oder gleich ein sehr kleines zu wählen. Gerade, wer sich für mehrtägiges Jollenwandern mit Gepäck interessiert, wird wegen der Staumöglichkeiten mit einem größeren Boot oft besser bedient sein.

Wer Wandersegeln betreibt, wird klugerweise die Finger von einem sensiblen Geschoss lassen, das nur mit einer erfahrenen Mannschaft ohne zu kentern von A nach B kommt. Regattasegler wiederum reizt das Geschwindigkeitspotenzial, dass man aus den eigenwilligen Rennzicken herauskitzeln kann. Zwischen diesen beiden Extremen gibt es auch Mittelwerte – sowohl bei den Seglern als auch bei den Booten.

Wer oft alleine segeln will, sollte vor allem darauf achten, dass etwa die Vorschot eines Bootes, das für zwei oder mehr Segler konstruiert wurde, auch wirklich von der Pinne aus gegriffen werden kann. Je nach Schotführung hilft dem Einhandsegler dabei ein einfacher Trick: Wenn man die Fockschoten in Richtung Pinne auslegt und die Enden dann per Kreuzknoten verbindet, rauschen sie beim Wenden oder Halsen nicht ins Unerreichbare. Probieren Sie doch einmal aus, wie gut Sie damit zurechtkommen.

Wer öfter zusammen mit anderen einfach so durch die Gegend segelt, legt wahrscheinlich weniger Wert auf ausgefuchste Trimmeinrichtungen, denn die brauchen wieder Platz an Bord. Ein Travellerbalken ist für Regattasegler ein wichtiges Trimminstrument. Beim Familientörn auf dem nächstgelegenen See stört er dagegen die Bewegungsfreiheit im Cockpit.

Wer ein Boot für sich sucht, sollte jedenfalls ziemlich genaue Vorstellungen haben, welche Art zu segeln er bevorzugt. Zum Glück gibt es genügend Auswahl.

14 (International 14)

Name:	14/International 14
Kategorie:	Regattaboot/Skiff
Crewstärke:	2
Crewgewicht optimal:	13–170 kg
Länge über Alles:	max. 4,27 m
Breite über Alles:	max. 1,83 m
Gewicht:	min. 74,25 kg
Segelfläche:	18,58 qm
Masthöhe:	max. 7,62 m
Takelungsart:	Slup
Yardstickzahl:	94 (bis Baujahr 1995) 88 (ab Baujahr 1996)
Klasse:	Konstruktionsklasse
Internet:	http://ger.international14.org
Besonderheiten:	Die Fläche des Spinnakers ist nach den Klassenregeln unbegrenzt. Durchschnittlich werden Spinnaker mit einer Größe von 35–38 qm gesegelt.

Ein reinrassiges Rennskiff, das je nach Sicht der Dinge seine Anfänge bereits im 19. Jahrhundert hatte. Die segelverrückten Australier haben 1898 die erste Meisterschaft mit dem »Urskiff« ausgetragen. Der »Fourteen« gewann schnell an Popularität, und so wurde ihm als erste Jollenklasse der Welt vom Weltsegelverband (damals IYRU) bereits im Jahre 1928 der Status »Internationale Klasse« verliehen. Das war auch etwa die Zeit, zu der das 14-Foot-Dinghy nach Deutschland kam und hierzulande ebenfalls erste Regatten ausgerichtet wurden.

Dass das Skiff bis heute populär geblieben ist, verdankt es wahrscheinlich der Definition als offene Konstruktionsklasse. Beim Bau eines International 14 ist im Grunde alles erlaubt, was nicht von den Klassenvorschriften ausdrücklich verboten ist – und das ist nicht viel. Beispielsweise enthalten die Klassenvorschriften keine Reglementierung der Spinnakergröße. Derart offene Bauvorschriften sorgen vor allem dafür, dass technische Innovationen schnell ausprobiert und dann auch eingesetzt werden, wenn sie sich als sinnvoll erweisen. Damit hat das Boot das Potenzial, sich immer wieder zu aktualisieren. Der Vergleich eines neuen Modells mit einem klassischen 14-Foot-Dinghy ist jedenfalls beeindruckend.

Foto: Yoshihisa Fujii.

Ein klassisches 14-Foot-Dinghy sieht noch ganz anders aus als die aktuelle Version. Foto: Renee Speak-Ruetenik.

Die schnelle Umsetzung technischer Neuerungen sorgt aber auch dafür, dass das Material eine dominierende Rolle spielt und ältere Designs über die Zeit ihre Konkurrenzfähigkeit verlieren. Allerdings gibt es für Designs früherer Epochen bei internationalen Meisterschaften eigene Wertungen, um die Historie am Leben zu halten. In der Entwicklung der 14s zeigt sich also ein gesunder Balanceakt zwischen dem Interesse an technischer Innovation einerseits und der Begrenzung der Kosten andererseits. Dem International 14 kann zugestanden werden, dass er in der Geschichte des Jollensegelns immer »State of the Art« war und den Segelsport mit beeinflusste. So stand er auch Pate für die Entwicklung der spektakulären Bootsklasse 49er, die erstmals im Jahre 2000 die Olympischen Wettkämpfe in Sydney bereicherte.

Die wohl bekannteste Innovation, die der 14 hervorbrachte, ist wahrscheinlich die Trapeztechnik, die heutzutage aus dem modernen Segelsport nicht mehr wegzudenken ist. Nachdem der clevere Tüftler im Jahre 1938 unter dem Einsatz eines Trapezes haushoch die englische Meisterschaft gewann, wurde die Erfindung – wegen eines zu hohen Gefahrenpotenzials – durch die Klassenregeln zunächst für einige Jahre wieder verboten. Aus heutiger Sicht schmunzelt man darüber. Eine der wichtigsten Neuentwicklungen heutiger Zeit sind neben dem Einsatz von Carbon als Baustoff so genannte T-Foils. Dabei handelt es sich um Unterwasserflügel am Ruderblatt, die den Bootsrumpf in Fahrt fast komplett aus dem Wasser heben und Geschwindigkeiten von über 25 kn ermöglichen.

Nicht zuletzt sind es diese hohen Geschwindigkeiten, die dazu führen, dass der Anfang auf einem International 14 üblicherweise aus einer Reihe von Kenterübungen besteht. Der Umgang mit einem solchen Geschoss will gelernt sein, zumal sich beide Segler im Trapez befinden. Dabei besteht die Herausforderung zunächst im An- und Ablegen, berichten Segler, oder besser: im Starten und Landen. Ist das Boot einmal in Fahrt, zeigt es sich relativ stabil. Befeuert mit einem über 30 qm großen Spinnaker stellt sich spätestens dann der Geschwindigkeitsrausch als Belohnung für die Einarbeitung ein. Seglerisches Feingefühl und Können ist dann wieder beim Wenden und Halsen sowie bei den Bojenmanövern und insbesondere beim Abfallen und Spisetzen gefragt. 70 Kilo Rumpfgewicht bei über 50 qm Segelfläche raumschots versprechen Spaß und Adrenalin pur!

In Deutschland »fliegen« rund 100 dieser Boote übers Wasser, die Regatten in Deutschland haben Felder von bis zu 30 Booten. Der Einstieg in die 14-Klasse kostet mit einem günstig erworbenen Gebrauchtboot um die 4.000 Euro. Der Neupreis eines International 14 liegt bei rund 25.000 Euro.

22-qm-Jolle/ J-Jolle

Name:	22-qm-Jolle/J-Jolle
Kategorie:	Regattaboot, Klassiker, Freizeitboot
Crewstärke:	3
Länge über Alles:	max. 6,10 m
Breite über Alles:	min. 1,70 m
Gewicht:	350–550 kg
Tiefgang:	0,10–1,10 m
Segelfläche:	22 qm vermessen
Takelungsart:	Slup/Gaffelslup
Yardstickzahl:	100 bis 123
Klasse:	Konstruktionsklasse
Internet:	http://www.j-jolle.org/

Die J-Jolle ist ein Boot, das man mit Lust segeln sieht. Sie ist ein Klassiker, der 1909 vom Deutschen Seglerverband initiiert wurde – und damit die älteste deutsche Jollenklasse. Ihr Erscheinungsbild hat sie wegen der strengen Bauvorschriften in der Konstruktionsklasse bis heute erhalten. Das Schöne an den Jollen verbindet man typischerweise mit den Binnen-

Foto: Jörn Niederländer.

jollen, die von der Jahrhundertwende bis zum II. Weltkrieg gerne gesegelt wurden. Dazu gehört das häufig anzutreffende Gaffelrigg – und die beeindruckende Menge an Segeltuch, die für den Vortrieb genutzt wird. Die überproportional große Segelfläche sieht majestätisch aus. Der technische Hintergrund ist einfach zu verstehen: Binnen weht weniger Wind als buten, also braucht man mehr Segelfläche, um schnell segeln zu können. 22 qm sind es bei dem Boot laut Klassenvorschrift – das ist aber nicht die ganze Wahrheit, denn bei J-Jollen wird die Segelfläche in der Silhouette gemessen. Die Überlappung des Vorsegels fällt also aus der Wertung heraus; tatsächlich machen sich die Holzboote mit 26 qm auf den Weg. So bestückt »ist das ein auch bei wenig Wind ein reiner Segelgenuss«, sagt Manfred Jacob, Chef der J-Jollengemeinde. Weht es dann doch mal etwas kräftiger, »dann hat die Crew gut zu tun«. Die Crew besteht bei Regatten aus drei Leuten – das ist eher eine Seltenheit.

Um fair gegeneinander segeln zu können »sind die Bauvorschriften quasi eingefroren«, so Jacob. Er selbst unterhält zwei Boote: eines für Regattazwecke und eines für ausgedehnte Wanderfahrten etwa auf der Elbe oder auch auf den finnischen Schären. »Für Wanderfahrten ist sie zwar nicht unbedingt entworfen, aber mit zwei Leuten geht das auch auf längeren Touren gut.«

Allerdings muss man sich wegen der überdimensionierten Besegelung auch auf das Boot einstellen. »Man sitzt halt auf einem Ferrari«, und wer den bei Wanderfahrten im Griff behalten will, tut gut daran, früher zu reffen, als er es von anderen Bootstypen gewohnt ist, und von vorneherein eine kleinere Fock zu wählen.

Geschätzte 100 J-Jollen verteilen sich auf Deutschland, Österreich, die Schweiz und Ungarn. In Deutschland findet man die Boote vor allem im Süden; Starnberger See, Ammersee auch der Bodensee sind die Hotspots, der Norden ist aber im Kommen. Auf der Meisterschafts-Regatta treffen sich in der Regel um die 15 Boote, Tendenz leicht steigend.

Weil man es mit einem klassischen Holzboot zu tun hat, ist es hilfreich, wenn man keine zwei linken Hände hat. Wobei es in der Klassikerszene sehr üblich ist, dass sich die Segler untereinander mit Tipps und Tricks zum Erhalt und zur Pflege der Boote helfen; man steht also mit einem Problem selten alleine da.

Es ist nicht ganz einfach, an eine J-Jolle zu kommen. Die Liebhaber geben ihre Boote nicht gerne her, neue Holzboote sind unerschwinglich. Man kann mit Glück ein Restaurierungsobjekt für 1.000 Euro entdecken, man kann aber auch 30.000 Euro für eine J-Jolle zahlen, die ein Bootsbauer fachgerecht saniert hat.

Die einzelnen Boote können unterschiedlich ausfallen – das liegt an den Eigenheiten der Konstruktionsklasse. So ist die Bauvorschrift mit der Formel 7,8 beschrieben. Und das heißt: Länge plus Breite müssen zusammen 7,8 Meter ergeben. Wie man dabei die Länge und die Breite verteilt, ist weitgehend freigestellt. Eingrenzend gilt eine Maximallänge von 6,10 m und eine Mindestbreite von 1,70 m.

29er

Name:	29er
Kategorie:	Regattaboot
Crewstärke:	2
Crewgewicht optimal:	100–145 kg
Länge über Alles:	4,45 m
Breite über Alles:	1,77 m
Gewicht:	90 kg
Tiefgang:	1,08 m
Segelfläche:	12,5 qm
Masthöhe:	6,25 m
Takelungsart:	Slup
Yardstickzahl:	94
Klasse:	One Design
Internet:	http://www.29erkv.de
Besonderheiten:	Skiff

Wieder ein Boot, das für Aufsteiger vom Optimisten empfohlen wird. Der 29er ist ein Skiff, das heißt ein Boot mit sehr flachem Rumpf, der dafür gebaut ist, sehr schnell ins Gleiten zu kommen. Skiffs kommen ursprünglich aus Australien; Konstrukteur war Julian Bethwaite.
Die Segelfläche von 12,5 qm Fock und Groß wird während der Regatta noch einmal um einen Gennaker erweitert, der alleine mit 15 qm zu Buche schlägt. Entsprechend aufmerksam muss die Zweiercrew mit dem Vorschoter im Trapez steuern, um das Boot in der Waagrechten zu halten. Das rasende Bügelbrett erreicht Geschwindigkeiten um die 60 km/h und ist ein Regattageschoss. Als One-Design-Boot ist der Bau in den wesentlichen Punkten vereinheitlicht, es ist also entsprechend schwer, sich einen Regattasieg über das bessere Material zu kaufen.
Das Boot ist leicht zu transportieren, zumal der in drei Teile zerlegbare Mast auch Fahrer kleinerer Autos nicht in Schwierigkeiten bringt.
Neben dem 29er gibt es noch den 29er XX. Dieser weist ein zweites Trapez für den Steuermann auf, und außerdem ist das Rigg größer. Das erweitert die Segelfläche von 12,5 auf 15 qm, wenn man Groß und Fock nimmt.

Addiert man den Gennaker von 19 qm dazu, kommt man auf beachtliche 34 qm Segelfläche für ein knapp viereinhalb Meter langes Bötchen. Damit scheidet der 29er als Fahrzeug für Wanderungen aus … Obwohl das Boot von der Idee her als Jugendboot entwickelt wurde, findet man Regattasegler sowohl im Jugendlichen- als auch im Erwachsenenalter. Es ist wohl vor allem eine Frage des Crewgewichts, ob man sich für den 29er, den 29er XX oder gleich für die große Variante des 49er entscheidet. Neuboote kosten knapp unter 10.000 Euro, regattataugliche Gebrauchte etwa ab 3.500 aufwärts.

420er

Lara und Luisa sind ein eingespieltes Team; die Wende bei der Regatta sieht klasse aus, die Bewegungen sind flüssig und durchoptimiert. Sekunden später haben die beiden 17-Jährigen das Boot durch Ausreiten und Trapez sauber balanciert, der 420er rauscht in fast aufrechter Fahrt in Richtung Luvtonne. »Man sollte schon eingespielt sein, um das Boot bei mehr Wind unter Kontrolle zu haben.«

1000 Segler kennt die Klassenvereinigung, die Dunkelziffer dürfte deutlich höher sein. Denn den 420er segelt man auf verschiedene Arten: auf der Regatta zu zweit, als sportliche Freizeitjolle auch gerne mal alleine oder als Badebötchen – auch das geht.

Generell ist der 420er die kleinere Version des 470er; die Zahl gibt die Länge an: 4,20 m. Diese sagt auch etwas darüber aus, wieviel Gewicht man idealerweise auf die Kante bringen muss, um das Boot flott zu segeln. Und da bietet sich der 420er als Jugendboot an, denn mit 110 bis 130 kg Idealgewicht auf dem Boot kann man es auch bei viel Wind mit ebenso viel Freude segeln. Es passiert oft, dass der 420er das erste schnelle Boot nach der Opti-

420er beim Regattastart.

mistenkarriere ist. »Eigentlich kann damit nichts passieren – man sollte nur nicht wasserscheu sein«, versichern die beiden unisono. Was damit gemeint ist? »Entweder die Segel reißen, oder man kentert.« Das ist aber nicht der Normalfall, sondern passiert halt mal, wenn man die Grenzen kennenlernt.
Das Boot ist durchaus anfängertauglich – nur bei stärkerem Wind sollte man schon Erfahrung haben. Kinder und Jugendliche lernen, die umfangreichen Trimmeinrichtungen richtig einzustellen – das ist auch nötig, um bei der Regatta vorne mitzufahren.
Auch auf rauerem Wasser macht der 420er eine gute Figur: Bei der Kieler Woche segelt die Klasse regelmäßig mit.
Gebrauchte 420er findet man in allen Preislagen. Manchmal heruntergekommen und fast geschenkt – dann muss man vor dem Kauf

Name:	420er
Kategorie:	Regattaboot, Freizeitboot
Crewstärke:	2
Crewgewicht optimal:	110–130 kg
Länge über Alles:	4,20 m
Breite über Alles:	1,63 m
Gewicht:	100 kg
Tiefgang:	0,97 m
Segelfläche:	10,25 qm
Masthöhe:	6,26 m
Takelungsart:	Slup
Yardstickzahl:	115
Klasse:	Internationale Klasse
Internet:	http://www.uniqua.de/

kontrollieren, ob die Lufttanks, die das Boot unsinkbar machen, noch dicht sind. Neue Boote kosten in der Regattaversion 6.000 bis 7.000 Euro.

Jugendliche haben das Boot schnell virtuos im Griff. Es ist auf das Gewicht des Segelnachwuchses hin konstruiert.

470er

Der 470er ist eine überaus populäre Klasse. Ein Jugendboot, das in den 60er Jahren des vorigen Jahrhunderts erstmals gebaut wurde, aber auch von Erwachsenen gesegelt wird. Seine Beliebtheit verdankt es unter anderem einer klugen Modellpolitik. Jugendliche steigen vom Optimisten gerne auf den 420er um – und von da zum 470er braucht es vor allem das zunehmende Körpergewicht, ansonsten muss man sich nicht viel umgewöhnen. Und damit liegt das Boot schon automatisch in der engeren Wahl. Das Boot ist durch Auftriebskammern unsinkbar und kann von den Crews beim Zuwasserlassen gut gehandhabt werden. Da das zur Bootsbeherrschung auch bei stärkerem Wind nötige Gewicht nicht allzu hoch liegt, wird das Boot auch gerne von Frauen gesegelt.

Regattasegler finden nicht nur ausreichend große Teilnehmerfelder, sondern auch mit großer Wahrscheinlichkeit Regatten in der Nähe. Wer seine erste Begegnung mit einer flotten Jolle mit dem 470er hat, wird wahrscheinlich finden, dass das Boot kippelig ist – man gewöhnt sich aber schnell daran und hat das Boot im Fall des Kenterns auch flugs wieder in der Senkrechten.

Den 470er findet man in vielen Vereinen, die Segler sind auch abseits des Regattabetriebes gerne auf dem Boot, das schnell ins Gleiten kommt und von geübten Crews bei Windstärken bis 6 beherrscht werden kann.
Wer sich für einen gebrauchten 470er interessiert, sollte gut auf den Zustand achten. Es gibt sie praktisch in allen Variationen: vom lieblos abgestellten Wiesenlümmel hinter dem Vereinsgebäude bis zum topgepflegten Regattaboot, das vor Kurzem noch im Einsatz war. Entsprechend schwanken die Preise von ein paar Hundert bis zu 9.000 Euro. Neu bekommt man den 470er bei verschiedenen Händlern für Preise zwischen 12.000 und 14.000 Euro plus Segel.

Name:	470er
Kategorie:	Regattaboot, Freizeitboot
Crewstärke:	2
Crewgewicht optimal:	100–145 kg
Länge über Alles:	4,70 m
Breite über Alles:	1,68 m
Gewicht:	120 kg
Tiefgang:	1,05 m
Segelfläche:	12 qm
Masthöhe:	6,78 m
Takelungsart:	Slup
Yardstickzahl:	103
Klasse:	Olympische Klasse
Internet:	http://cms.470er.de

Ein leichtes Ruderblatt bringt noch einmal etwas Geschwindigkeit.

485er

In der Reihe der 420er, 470er und 485er bezeichnen die Zahlen im Wesentlichen die Bootslänge in Zentimetern – auch wenn es wie hier zu Abweichungen kommt. In Deutschland ist der 485er eher selten anzutreffen. Er sollte einmal der Nachfolger der 470er-Jolle werden, das hat aber offenkundig nicht geklappt: Während man den 470er und auch seine kleineren Geschwister, die 420er, an nahezu jedem See finden kann, braucht man Glück, den 485er in Deutschland überhaupt zu Gesicht zu bekom-

men. Eigentlich schade, denn das flotte Boot lässt sich von einer sportlich orientierten Crew dynamisch segeln. Lediglich in der Schweiz existiert eine Klassenvereinigung. Damit wäre das Boot als Regattaklasse für Segler interessant, die sich am Bodensee tummeln. Ansonsten kann man als Nichtregattasegler zugreifen,

Name:	485er
Kategorie:	Regattajolle
Crewstärke:	2
Länge über Alles:	max. 4,90 m
Breite über Alles:	max. 1,77 m
Gewicht:	min. 130 kg
Tiefgang:	1,05 m
Segelfläche:	14,10 qm
Masthöhe:	max. 7,00 m
Takelungsart:	Slup
Yardstickzahl:	103
Klasse:	Einheitsklasse Schweiz
Internet:	http://www.485.ch
Besonderheiten:	in Deutschland eher selten

wenn man einen Vorschoter hat, denn das Boot ist nicht als Kaffeesegler gedacht – und zwei Segler braucht man schon, um es artgerecht zu segeln.

Ich habe gesehen, wie das Boot von zwei Jugendlichen gesegelt wurde, die es gut im Griff hatten; obwohl es eine relativ große Gleitjolle ist, kann es also auch mit wenig Gewicht im Zaum gehalten werden. Die Jungs sagen über das Boot: »Es reagiert auf Trimmänderungen sowie Ruderlagenänderung sehr direkt und ist deshalb perfekt für enge Manöver und Regatten. Am besten kann man das Boot beherrschen, wenn man mit der Trapezvorrichtung als Vorschoter vertraut ist. Allerdings erlaubt die geschickte Schotenführung vom Vorsegel auch, alleine zu segeln.«

Der 485 ist laut Klassenvorschrift der Schweiz unsinkbar, nur aus GFK zu bauen und muss selbstlenzend sein. Innerhalb der Rahmenbedingungen hat man als Bootsbauer ein paar Freiheiten, die durch allerlei Vorgaben in den Maßen etwa von Bootskörper, Rigg, Ruderblatt und Schwert begrenzt sind. Es gibt eine Werft, die neue 485er herstellt (Helbling in der Schweiz). Gebrauchtbootpreise sind schwer anzugeben, weil nur wenige angeboten werden.

49er

Der 49er gehört zum Spektakulärsten, was es an Hightechrennern gibt. Das fängt schon bei der Segelfläche an; die 21,2 qm kann man durch einen Gennaker von 38 qm auf maximalen Windfang ergänzen. Das Ergebnis ist ein Geschoss, dessen knapp 5 Meter langer Rumpf über 50 km/h schnell übers Wasser rast. Vorausgesetzt, die Segler haben es gelernt, denn neben dem ungeheuren Geschwindigkeitspotenzial hat der 49er ein paar Eigenheiten, an die man sich herantrainieren muss. Zuerst einmal: Steigt man auf das Boot, kippt es um (immerhin schwimmt es oben …). Seine Stabilität erreicht der 49er ausschließlich durch die Geschwindigkeit. Deswegen rät Routinier und Klassenvereinigungschef Heiko Thölmann: »Es ist wichtig, die ersten drei Wochen durchzuhalten – danach kann man das Schiff beherrschen. Interessenten sollten hoch motiviert sein, da das Niveau extrem hoch ist.«
Die Klasse trägt dem Ausbildungsbedarf auf dem Boot Rechnung, bietet Umsteigewilligen Schnuppertrainings mit erfahrenen Seglern an und empfiehlt für die ersten Flugversuche im Übrigen motorisierten Begleitschutz in der Nähe

Foto: Heiko Thölmann.

sowie Messer und Bolzenschneider in Griffweite.
Zweite Eigenheit: Der 49er ist konsequent als Rennmaschine für Segelathleten entwickelt. Der Regattaerfolg hängt im Wesentlichen an der physischen Fitness. Segeltaktik sollte man zwar beherrschen, sie spielt aber nicht die dominierende Rolle. Dabei ist der 49er als Einheitsklasse streng definiert. Hier segelt also die Fraktion, die weder das Wettrüsten auf Booten noch Tüfteleien an Material und Equipment sonderlich schätzt. Die 49ers wollen Bootsbasteleien auf ein Minimum reduzieren und dafür mehr segeln.

Name:	49er
Kategorie:	Regattaboot
Crewstärke:	2
Crewgewicht optimal:	130–195 kg
Länge über Alles:	6,65 m
Breite über Alles:	2,90 m
Gewicht:	92 kg
Segelfläche:	21,2, qm plus Gennaker
Masthöhe:	8,50 m
Takelungsart:	Slup
Yardstickzahl:	82
Klasse:	International, Olympisch
Internet:	http://www.49er-kv.de
Besonderheiten:	Profigerät

Der 49er wurde 1996 von Australien aus auf die Welt losgelassen und fand seine Freunde vor allem unter Seglern, die ihren Sport als Profession begreifen. Konstrukteur ist Julian Bethwaite, der schon für den 29er verantwortlich zeichnet. In Deutschland findet man auf den Regattafeldern zwischen 10 und 20 hochklassige Gegner vor, auf der Kieler Woche sind es bis zu 80.
Dem Umstand, dass Laien das Wettsegeln zwischen Booten oft gar nicht begreifen und deswegen erst gar nicht ansehen, setzt der 49er sein optisch wirksames Potenzial an Dynamik und Geschwindigkeit entgegen: Er macht im Fernsehen eine gute Figur – auch das trägt wahrscheinlich dazu bei, dass er Olympische Klasse ist. Wer ein reines Spaßboot für das Wochenende sucht, liegt beim 49er falsch. Die Maschine ohne Wettkampfgedanken über das Wasser zu treiben entspricht in etwa der Idee, mit einem Formel-1-Wagen sonntags durch die heimische Hügellandschaft zu cruisen.
Wer sich diese Boote erst einmal als Zuschauer ansehen will, findet sie am schnellsten in der Gegend von Kiel, in Bayern und auch in Berlin.
Wer in die Welt der 49er eintreten will, sollte mit einem gebrauchten Boot anfangen; dafür muss man je nach Zustand zwischen 5.000 und 10.000 Euro hinblättern. Neu rechnet man mit 21.000 Euro.

505er

Der 505er ist eher ein Profigerät als ein Hobbyboot. »Den kann man nicht alleine segeln«, meint ein 505er-Segler, »das Boot ist hochempfindlich. Jeder Fehler wird bestraft.« Mit einer Zweiercrew, die das Boot beherrscht, zeigen sich die Vorzüge: Wenige Boote bauen schon bei wenig Wind so viel Geschwindigkeit auf. Der 505er kommt schnell ins Gleiten und zeigt sich sehr dynamisch.

Rund 9000 Boote wurden insgesamt gebaut. Man findet die meisten auf Küstengewässern, denn sie wurden 1955 dafür entworfen, auch mit rauerem Wasser klarzukommen. Zur Temposteigerung kommt noch eine Spinnaker zum Einsatz – der verlangt der Crew Einiges an Athletik ab.
Weil die Zielrichtung klar auf dem Regattaeinsatz liegt, kann die Segelei mit dem 505er ein teures Vergnügen werden, denn die Profis nehmen gerne gutes Material wie zum Beispiel Kevlarsegel, um vorne mitfahren zu können. Die Boote können sehr unterschiedlich sein, den Konstrukteuren ist Vieles freigestellt. Es gibt Vorschriften zu Minimalgewichten und etwa zu Anschlagspunkten für den Spinnaker. Die Beschlagsausrüstung ist sehr frei interpretierbar. Wegen der sehr unterschiedlichen Ausstattung sind die Gebrauchtbootpreise weit gespreizt – vom vier- bis in den fünfstelligen Bereich.

Name:	505er
Kategorie:	Regattajolle
Crewstärke:	2
Crewgewicht optimal:	ca. 150–165 kg
Länge über Alles:	5,05 m
Breite über Alles:	1,95 m
Gewicht:	127,4 kg
Tiefgang:	ca. 1,60 m
Segelfläche:	16,4 qm Spi bis 22 qm
Masthöhe:	nicht definiert. Die Masthöhe ergibt sich aus den Klassenvorschriften für Befestigung des Spinnakerkopfes.
Takelungsart:	Slup
Yardstickzahl:	95
Klasse:	International
Internet:	http://www.int505.de/
Besonderheiten:	nur von erfahrenen Seglern beherrschbar

Der 505er ist ein reines Sportgerät.

Achat

Name:	Achat
Kategorie:	Freizeitjolle
Crewstärke:	2
Länge über Alles:	4,12 m
Breite über Alles:	1,68 m
Gewicht:	90 kg
Tiefgang:	0,13–0,92 m
Segelfläche:	11,8 qm
Masthöhe:	6,0 m
Takelungsart:	Slup
Yardstickzahl:	121
Klasse:	Keine

Manche Jollen sind so selten, dass es kaum Informationen über sie gibt – die Achat gehört dazu. An Form und Farbe erkennt man unschwer, dass sie ein Kind der 1960er und 70er Jahre ist. Der Bauauftrag damals lautete »Freizeitjolle«. Sie wurde zunächst als »Blandinajolle« verkauft, später als »Achatjolle«.
Einen Segler habe ich gefunden; der sagt von seinem Boot, es sei als kleiner Rundspanter eine kipplige Angelegenheit und dafür mit reichlich Segelfläche ausgerüstet. Alleine die etwas über elf Quadratmeter Großsegelfläche sind mehr, als der etwa gleichgroße 420er mit Groß und Fock zusammen aufbringt.
Ausgelegt ist die Achat »als Sport- und Tourenboot – taugt aber zu beidem nicht so richtig.« Immerhin hat sie im Bug ein Staufach. Man kann davon ausgehen, dass es neu abgedichtet werden muss, wenn man an eine Achat gerät, die schon in die Jahre gekommen ist. Als Regattasegler auf dem Boot dürfte man unter den ersten drei mitfahren, da es kaum Konkurrenz gibt ...
Für Segler, die einfach so ein paar Runden auf einem See drehen wollen, wäre es ein ehrenhaftes Anliegen, eine der letzten ihrer Art zu erhalten – das ist mit ein paar Hundert Euro Kaufpreis machbar.

Foto: Ingo Kramer.

Aquila

Die Aquila gibt es ab Werft in zwei Ausführungen: als Schwertboot und als Hubkieler. Die Schöchlwerft in Österreich hat sie 1972 auf den Markt gebracht. Mittlerweile hat die Klassenvereinigung die Rechte an dem Boot erworben – gebaut wird es nun von der Fungerwerft in Kempen.
Sie können mit der Aquila Regatten fahren, es gibt an die 1000 Boote in Deutschland und Österreich. Die Regattafelder sind allerdings eher überschaubar.
Und sie können die Aquila als Wanderboot segeln. Sie ist eine der größeren Schwertjollen, und das heißt: Sie bietet viel Raum im Cockpit. Einfach so zum Segeln ist sie für zwei Leute ausgelegt, man kann sie aber auch gut mit drei Leuten bewegen. Unter dem Vorschiff hat sie eine Schlupfkajüte – wobei man den Begriff »Kajüte« nicht zu ernst nehmen sollte. Sich dort hineinzuquetschen mag zwar möglich sein, gehört aber eher in den Bereich der Klaustro-

phobiediagnostik. Wer mit einer Aquila mehrtägige Wanderfahrten an Binnenseen unternehmen will, plant besser Übernachtungsmöglichkeiten an Land ein.
Auch alleine macht die 6,30 m lange Jolle Spaß; sie ist zwar nicht auf die Einhandbedienung ausgelegt, weil unter anderem die Fockschoten beim Wenden schon mal außer Reichweite gezuppelt werden, aber man kann sie gut in den Griff bekommen. Ich kenne die Aquila recht gut und schätze an ihr, dass sie schnell anspringt und geräumig ist, dabei gutmütig und in ihrem Segelverhalten gut einzuschätzen. Das Boot ist aus GFK und hat eine große Lenzöffnung, die Wasser schnell ablaufen lässt. Regattaversionen kann man mit Spitrompete bekommen – einer Öffnung zum Bug hin, aus der man den Spinnaker blitzschnell setzen und ebenso schnell wieder bergen kann, wobei die Segelblase dann gleichzeitig auch verstaut ist.

Name:	Aquila
Kategorie:	Zweimannjolle, Regattaboot
Crewstärke:	2
Länge über Alles:	6,30 m
Breite über Alles:	1,90 m
Gewicht:	280 kg
Tiefgang:	0,13–1,10 m
Segelfläche:	18 qm
Masthöhe:	7,15 m
Takelungsart:	Slup
Yardstickzahl:	107
Internet:	http://www.aquila-kv.de/
Besonderheiten:	gut als Wanderboot geeignet

Außer in Deutschland wird die Aquila auch in Österreich gerne gesegelt – in beiden Ländern gibt es eine Klassenvereinigung.
Je nach Zustand und Alter finden Sie Gebrauchtboote von unter 1.000 bis zu 10.000 Euro.

Barnegat

Name:	Barnegat
Kategorie:	Freizeitboot, Schulboot
Crewstärke:	bis 5
Länge über Alles:	5,05 m
Breite über Alles:	1,80 m
Segelfläche:	14 qm
Takelungsart:	Slup

Jollen wie die Barnegat haben per Definition keine spektakulären Segeleigenschaften, die aufhorchen lassen, auch äußerlich kommen sie eher harmlos daher und werden gerne übersehen – es sei denn, man sucht ein Boot, das sich eben genau dadurch auszeichnet. Überwältigend häufig ist sie in Deutschland nicht, aber die niederländische Barnegat lohnt einen Blick derjenigen, die eine sichere und stabile Mehrzweckjolle suchen.

Mehrzweck heißt: Die etwas über 5 m lange Jolle bietet sich für den Ausflug zu bis zu fünf Personen an. Sie ist einfach und kentersicher (aber nicht unkenterbar ...). Böen federt sie gut ab, dabei krängt das Boot wenig und setzt den kurzzeitig erhöhten Winddruck in eine etwas höhere Abdrift um.

Das offene Boot kann somit in Vereinen zum problemlosen Bespaßen segelunerfahrener Gäste eingesetzt werden, als Begleitboot auf Regatten und auch als Schulboot macht die

anfängerfreundliche Barnegat eine gute Figur. Ich würde die Barnegat auch Wanderseglern empfehlen, die eben nicht auf Geschwindigkeit aus sind. Der Verzicht auf Schnickschnack macht das Boot übersichtlich. Trotzdem ist die Barnegat von einem Konstrukteur mit bootspraktischem Verstand ausgetüftelt worden – davon zeugen zum Beispiel die sinnvollen Schwalbennester zum Unterbringen von Leinen, Getränkeflaschen oder anderem Kleinzeug, das unterwegs schnell zur Hand sein soll.

Wer sich auf den Randmeeren der Niederlande umschaut wird feststellen, dass Jugendliche auf Wochenendausflügen gerne genau solche Boote wählen, da sie schnell ausgerüstet und segelklar sind: Klamotten in den offenen Stauraum werfen, Segel setzen und los.

Gebrauchtboote bekommt man für Preise zwischen 2.500 und 3.000 Euro.

Genug Platz im Cockpit für 5 Personen, Stauraum gibt es auch.

Blandina

Siehe Achat (S. 52).

Cadet

Name:	Cadet
Kategorie:	Jugendboot, Ausbildungsboot
Crewstärke:	2
Länge über Alles:	3,22 m
Breite über Alles:	1,27 m
Gewicht:	54 kg
Tiefgang:	0,16 cm
Segelfläche:	5,16 qm
Masthöhe:	5,22 m
Takelungsart:	Slup
Yardstickzahl:	138/166
Klasse:	Internationale Jugendklasse
Internet:	http://www.cadetclass.de

Der Cadet ist ein gebürtiger Engländer, dessen Urform 1947 von Jack Holt entworfen wurde. Es handelt sich um eine Zweimannjugendjolle; im Regattazirkus gilt, dass der Cadet nur bis zum Alter von maximal 17 Jahren gesegelt werden kann. Man kann ihn als großen Bruder des Optimisten betrachten. Ebenfalls ein Knickspanter, hat er knapp einen Meter mehr Länge und damit Platz für den Vorschoter.
Rund 9.000 dieser Boote sind verstreut über die Kontinente, besonders verbreitet ist der Cadet im Mutterland Großbritannien und in Australien. Es gibt auch überall in Europa Betriebe, die die Boote herstellen. In Deutschland verzeichnet die Rangliste 90 Segler, dazu kommen natürlich etliche, die den Cadet segeln, ohne Ranglistenpunkte anzustreben.
Im Laufe seiner Entwicklung erfuhr der Cadet drei wesentliche Änderungen – erkennbar an den Erweiterungen »Mark I«, »Mark II« und »Mark IV« als modernster Variante. Dabei weist der Mark II unter anderem noch die für englische Boote typische Großschotführung am Heck auf, beim Mark IV ist das zu einer zentrale Großschotführung geändert worden. Auf Regatten sind beide Versionen häufig vertreten. Damit der Wettkampf Spaß macht, gibt es für den Cadet noch einen Spinnaker von 4,25 qm. Das robuste Boot wird außerdem gerne für Ausbildungszwecke genutzt und macht einen stabilen Eindruck, wenn Kinder und Jugendliche die Grenzen des Bootes in einer Böe austesten. Es kostet neu um die 4.000 Euro.

Ein Cadet im Vergleich zu einem Optimisten: Beide sind anerkannte Jugendklassen.

Conger

Klar kann man mit dem Boot Regatten segeln. Man kann mit jedem Boot Regatten segeln, solange es genügend Gegner gibt. Die Werft Blohm & Voss hat in ihrem Werftprospekt 1965 sieben Seglertypen für den Conger entworfen: den Familiensegler, den Angler, den Einhandsegler ... und eben auch den Regattasegler. Man wollte keine Zielgruppe auslassen. Aber ganz ehrlich? OK. Es ist ein Familienregattaboot für Leute, die gerne einen Segelausflug machen ... Die Klassenvereinigung der Congersegler kümmert sich jedenfalls um beide Zielgruppen: Fahrten- und Regattasegler.

Name:	Conger
Kategorie:	Wanderjolle, Familienjolle
Crewstärke:	2–4
Crewgewicht optimal:	k.A.
Länge über Alles:	5,00 m
Breite über Alles:	1,80 m
Gewicht:	230 kg
Tiefgang:	0,20–1,10 m
Segelfläche:	12 qm
Masthöhe:	7,35 m
Takelungsart:	Sloop
Yardstickzahl:	118
Klasse:	Einheitsklasse
Internet:	www.conger.de
Besonderheiten:	erste Kunststoffjolle in Deutschland

Der Conger als Ausflugsboot.

Der Conger hat einen Kajütaufbau; das Innere wird gelegentlich als »Schlupfkajüte« bezeichnet. Tatsächlich ist sie aber zu klein, um als Übernachtungsquartier ernsthaft in Erwägung gezogen zu werden. Der wandernde Congersegler übernachtet eher im Zelt oder sonstwie an Land. Immerhin ist die Kajüte sehr gut dafür geeignet, Gepäck und Ausrüstungsgegenstände für das Jollenwandern unterzubringen.
Der Conger ist keineswegs langsam. Er segelt gut und flott, ist sicher – nur ist er keine ausgesprochene Rennkiste.
Wenn man ein gebrauchtes Boot sucht, wird man bereits zwischen knapp unter 2.000 und 3.500 Euro fündig.

Zum Unterschlüpfen für die Nacht zu klein, als Stauraum aber hervorragend geeignet: die Kajüte des Conger.

Eikplast I und II

So schlicht kann eine Jolle sein: Die Eikplast ist ein einfaches Segelboot. Die Werft Eikboom in Rostock hatte in der DDR zunächst die catgetakelte Eikplast I hergestellt, später die slupgetakelte Eikplast II.

Die Catversion hat einen drehbaren Mast. Beide Boote lassen sich als anspruchslose Fahrzeuge für das Freizeitvergnügen definieren. Und das soll kein Negativzeugnis sein – wenn man eine

Einfach eine Jolle, die auch nicht mehr als das sein will. Foto: Axel Just.

Name:	Eikplast I
Kategorie:	Freizeitboot
Crewstärke:	2
Länge über Alles:	4,50 m
Breite über Alles:	1,50 m
Gewicht:	ca. 120 kg
Tiefgang:	0,15–1,00 m
Segelfläche:	7,3 qm
Takelungsart:	Cat
Yardstickzahl:	130
Besonderheiten:	nicht mehr hergestellt

Name:	Eikplast II
Kategorie:	Freizeitboot
Crewstärke:	2–3
Länge über Alles:	4,55 m
Breite über Alles:	1,66 m
Gewicht:	ca. 180 kg
Tiefgang:	0,15–0,90 m
Segelfläche:	9,40 qm
Takelungsart:	Slup
Yardstickzahl:	120
Klasse:	Regionale Einheitsklasse
Besonderheiten:	nicht mehr hergestellt

Eikplast findet und erwerben kann, kann man sie genauso weiter nutzen. Man kann durchaus dem Charme eines Bootes erliegen, das nichts weiter sein will, als das, was es ist: eine einfache Jolle eben.

Die Werft hat sie als Boot klassifiziert, das bis zu Windstärke vier segelbar ist. Axel Just aus Ilmenau segelt eine Eikplast II: »Sie ist keine Rennziege«, sagt er, »aber sie lässt sich leicht segeln und ist meiner Auffassung nach für Anfänger sehr gut geeignet.« Als Vorteil des Bootes sieht er den Stauraum an. Eine Backskiste am Heck plus Raum am Bug sorgen dafür, dass man Gepäck zum Wandersegeln sicher unterbringen kann. Der habe aber auch den Nachteil, dass eine gekenterte Eikplast II erst einmal leer geschöpft werden muss.

Auf dem Boot schlafen? Das geht – mit gutem Willen und der Einstellung eines Campers zu seiner Schlafstätte »links und rechts des Schwertkastens bekommt man eine Luftmatratze unter.«

Ein Gebrauchtmarkt für die selten gewordenen Boote existiert nicht wirklich. Wenn man ein Exemplar findet, ist es ein Zufall, und es besteht die Chance, für wenig Geld einen Trabbi zu Wasser zu bekommen.

Abschließbarer Stauraum im Bug. Auch das Heck verfügt über eine Backskiste. Foto: Axel Just.

Flying Cruiser S

Ein Boot, das man schon mal übersehen kann. Er sieht eben unspektakulär aus, der Flying Cruiser S. Trotzdem erkennt man ihn in den Häfen schon von Weitem an seiner Eigelbfarbe (es mag andere geben, aber sie sind mir noch nicht aufgefallen). Ansonsten ähnelt er im Aussehen etwas dem Conger – und der ist optisch ebenfalls kein Aufreißer. Der Rundspanter ist eine Familienjolle und bietet – das ist einer seiner Vorzüge – eine echte Schlupfkajüte. Echte Schlupfkajüte heißt: Sie ist gut für zwei Personen, um darin nach einer Wanderfahrt zu übernachten. Nicht mehr, aber auch nicht weniger. Gemütliche Klönabende sind in der 75 cm hohen Kajüte eines Bootes mit relativ großem Cockpit und dabei noch angenehmen Jollenlinien ein eher ambitioniertes Unterfangen; diese verlegt man besser in die nächste Hafenkneipe. Wer sich mit der gutmütigen Wanderjolle ange-

freundet hat, findet vielleicht Spaß daran, sie etwas aufzumotzen. Das geht: Ein Bugkorb kann beim Wandersegeln Sinn machen, mit Heckkörben und Sprayhood wurden die Boote auch schon bestückt. Ich habe noch kein Boot gesehen, das durch eine Sprayhood schöner geworden ist. Aber ich kenne eine Menge Segler, die auf eine Sprayhood nicht mehr verzichten mögen, weil sie bei Wind und Regen gegenan ihre wahren Werte kennengelernt haben. Passend zur Aufgabenstellung kann das Boot mit einem kleinen Außenborder ausgerüstet werden.
Eine Klassenvereinigung der Flying Cruiser ist mir nicht bekannt – trotzdem sieht man in fast jedem Hafen in der Jollenecke einen Flying Cruiser. Ich würde das Boot einem Wandersegler auf Binnengewässern empfehlen, der keine großen Komfortansprüche stellt und der ab und zu mal darauf übernachten will. Die Boote werden aus GFK hergestellt.
Neu kosten sie 10.000 Euro, gebrauchte findet man in segelbarem Zustand etwa ab 1.500 bis 2.000 Euro.

Name:	Flying Cruiser S
Kategorie:	Wanderboot
Crewstärke:	2–4
Länge über Alles:	5,12 m
Breite über Alles:	2,00 m
Gewicht:	400 kg
Tiefgang:	0,20–1,20 m
Segelfläche:	11,9 qm
Masthöhe:	5,65 m
Takelungsart:	Slup
Besonderheiten:	wird angeboten als Schwertboot, Kielschwerter und Kielboot

Schlicht und gelb: Flying Cruiser S.

Flying Dutchman

Ein ausgesprochen gefälliges Boot. Sieht man sich ohne weitere Vorinformationen Regattajollen an und ein Flying Dutchman ist dabei, bleibt der Blick automatisch an dem vor gut 60 Jahren entworfenen Boot hängen – erst recht, wenn es sich noch um einen klassischen Bau aus formverleimtem Sperrholz handelt. Die Niederländer Conrad Gülcher und Uus van Essen haben ein flaches und elegantes Boot gezeichnet, dessen feine Linien auch Menschen ansprechen, die ansonsten mit Booten nicht viel am Hut haben.

Name:	Flying Dutchman
Kategorie:	Regattaboot
Crewstärke:	2
Länge über Alles:	6,06 m
Breite über Alles:	1,78 m
Gewicht:	165 kg
Tiefgang:	1,12 m
Segelfläche:	18,6 qm
Takelungsart:	Slup
Yardstickzahl:	94
Klasse:	Internationale Klasse, One Design
Internet:	http://www.sailfd.de/

Foto: Meike Friedhoff.

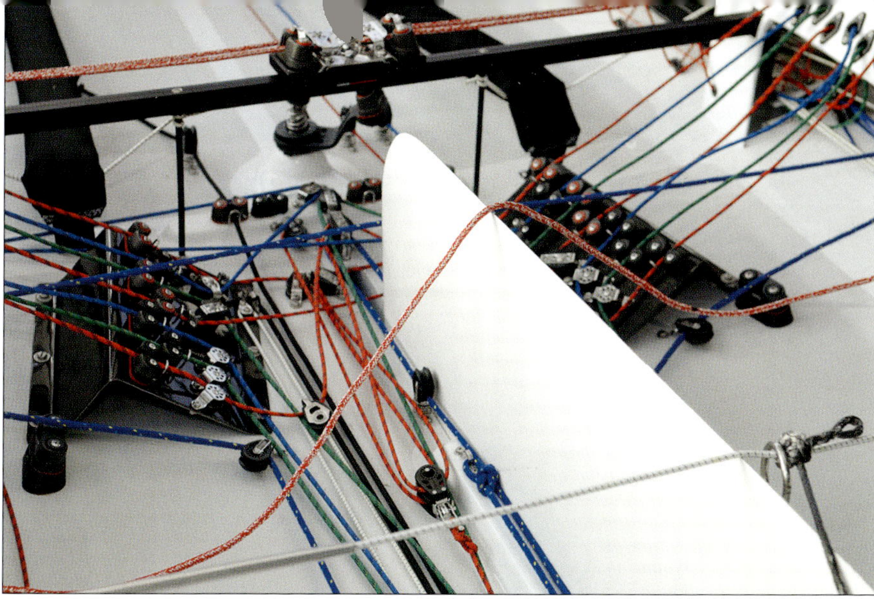

Foto: Caroline Rudorff.

Flott ist es obendrein. Das liegt nicht zuletzt an der Segelfläche: Die 18,6 qm sind nur die Amwindbesegelung – und die sind schon reichlich. Zum Vergleich: Ein klassischer Jollenkreuzer, der etwa das Dreifache an Gewicht auf die Waage bringt, begnügt sich mit drei Quadratmetern weniger. Zusätzlich kann man die Jolle noch mit 21 qm Spinnaker bestücken, und im Moment befindet sich sogar ein 26-qm-Spinnaker in der Testphase. Mit dem relativ spitzen Bug schneidet er sauber kurze steile Wellen, für die er konstruiert ist, und damit ist das eine oder andere Duschbad im Kaufpreis inbegriffen.
Der Flying Dutchman ist ein anspruchsvolles Boot, wenn man es auf der Regattastrecke vorne segeln will. Dabei, das betont FD-Segler Dirk Fridag, »ist es durch die zahlreichen Trimmmöglichkeiten auch bei Windstärke sechs noch zu segeln. So kann zum Beispiel während der Fahrt die Mastneigung den Bedingungen angepasst werden.«
Dass Fridag an den Flying Dutchman kam, ist einer sehr ungehörigen Idee zu verdanken: Er besichtigte einen Flying Dutchman. Neben ihm stand ein Interessent, der die Rennjolle mit einem Steuerrad versehen wollte. Alleine schon, um das zu verhindern, machte Fridag das bessere Angebot. Mit seinem formverleimten FD Baujahr 1963 kann er auf Regatten nicht wirklich vorne mithalten, aber »das Boot macht viel Spaß, es ist auch bei wenig Wind schnell und dabei sehr elegant.«
Als Wanderjolle ist der Flitzer wenig geeignet – dazu hat er schon zu wenig Stauraum. Seinen Weg zum Flying Dutchman als Spaßfahrzeug hat dagegen schon so mancher gefunden. 1.200 Segler sind international registriert. Die größte Klassenvereinigung ist mit 250 Mitgliedern die deutsche. Wer im Regattabetrieb mitmischt, findet sich in internationaler Gesellschaft. Die WM 2011 am Gardasee sah 135 Boote aus 23 Nationen.
In seiner Geschichte hat der FD etliche Innovationen hervorgebracht: Das Segelfenster, die Spinnakertüte, das Endlostrapez und die erwähnte Mastverstellung im laufenden Betrieb sind Belege dafür, dass die Klasse Neuerungen gegenüber aufgeschlossen ist. Zuletzt fanden Masten aus Kohlefaser Eingang ins Reglement. Für einen guten Gebrauchten muss man 5.000 Euro investieren. Holzboote können deutlich günstiger sein, allerdings sollte man sich diese genau anschauen. Der Preis für Neuboote liegt bei etwa 25.000 Euro.

Flying Junior

Der Flying Junior wurde 1955 als kleiner Bruder des Flying Dutchman entworfen. Konstrukteur Uus van Essen wollte vor allem ein Trainingsgerät bauen, mit dem man sich auf den zeitweise olympischen Flying Dutchman vorbereiten konnte. Das machte Sinn, denn der Flying Dutchman ist ein recht anspruchsvolles Rennboot, das beherrscht werden will. 1990 verlor der FD allerdings seinen Status als Olympiaboot und der Flying Junior somit sein Geschäftsmodell.

Dass man ihn doch noch recht häufig antrifft, hängt mit seinen relativ gemäßigten Anforderungen an die beiden Segler zusammen: Erwachsene hatten zwischenzeitlich das Boot schätzen gelernt und segelten Regatten auf dem Junior aus. Der Rundspanter wird aus

Holz oder Kunststoff gebaut, Kombinationen aus Kunststoffrumpf und Holzdeck werden ebenfalls hergestellt. Der äußere Eindruck täuscht ein wenig: Das kleine Boot sieht relativ hochbordig aus – der Konstrukteur hatte sich in der Urversion noch mit vom Gedanken an ein Mehrzweckdinghy leiten lassen, davon zeugt auch der hochgezogene Bug. Allerdings wurde der FJ im Laufe der Zeit modernisiert. Mit dem Vorschoter im Trapez zeigt er auf dem Wasser Eleganz und Tüchtigkeit auch bei Welle. Für Regattasegler ist interessant, dass man sich nicht über Ranglistenpunkte für Meisterschaften qualifizieren muss – man kann einfach daran teilnehmen.

Der Flying Junior ist auf der ganzen Welt verbreitet – Niederlande, Deutschland, Belgien, Italien, USA, Japan, Slowenien – und wird von mehreren Herstellern auf den Markt gebracht. Wer mag, kann auch Baupläne erwerben und sich das Boot als eigenes Stück anfertigen. Ein gebrauchtes segelklares und regattataugliches Boot bekommt man ab etwa 2.000 Euro. Der Preis für einen segelfertigen Neubau liegt zwischen 8.000 und 10.000 Euro. Der FJ gilt als langlebig.

Name:	Flying Junior
Kategorie:	Regattaboot, Freizeitboot
Crewstärke:	2
Länge über Alles:	4,03 m
Breite über Alles:	1,50 m
Gewicht:	min. 75 kg
Tiefgang:	1,05 m
Segelfläche:	9,6 m
Takelungsart:	Slup
Yardstickzahl:	116
Klasse:	Internationale Klasse
Internet:	http://fj.ecce.de

Einfach, aber effektiv: Verstellen der Wantenspannung beim Flying Junior.

Gruben Gipsy, Gipsy Star, Sprint, 17

Bei den Booten von Gruben haben wir es mit Jollen zu tun, die sich allesamt eher im Freizeitbereich als in der Regattaarena tummeln. Gemeinsames Merkmal der Boote ist, dass sie robust und einfach zu handhaben sind.
Von Gruben gibt es die Typen »Sprint«, »Gipsy Star«, »Gruben 17«, »Jeton« und »Trainer«.

Name:	Gruben Sprint
Kategorie:	Freizeitboot
Crewstärke:	2
Länge über Alles:	4,70 m
Breite über Alles:	1,80 m
Gewicht:	160 kg
Segelfläche:	Touring: 11,9 qm Sport: 14 qm
Takelungsart:	Slup
Yardstickzahl:	Touring: 117 Sport: 111
Internet:	gruben.de
Besonderheiten:	Es gibt die Version »Sport« und die Version »Touring«.

Die Gruben Sprint vor der irischen Küste – eine sichere Familienjolle. Foto: Firma Gruben.

Die Gruben 17.

Die Gruben 17 ist mit 5,35 m Länge das größte Boot der Familie und bietet bis zu 5 Personen Platz. Damit ist sie auch eine sehr ordentliche Jolle für Wandersegler. Das gilt auch für die nächstkleineren der Grubenboote, die Gipsy, die Gipsy Star und die Sprint.

Name:	Gruben 17
Kategorie:	Freizeitboot
Crewstärke:	bis 5
Länge über Alles:	5,35 m
Breite über Alles:	2,02 m
Gewicht:	250 kg
Tiefgang:	0,21–1,32 m
Segelfläche:	11,9 qm, 14 qm
Takelungsart:	Slup
Yardstickzahl:	118
Internet:	www.gruben.de

Name:	Gruben Gipsy Star
Kategorie:	Freizeitboot, Sportboot
Crewstärke:	bis 4
Länge über Alles:	5,12 m
Breite über Alles:	1,85 m
Gewicht:	170 kg
Segelfläche:	Touring: 11,9 qm Sprint: 14 qm
Takelungsart:	Slup
Yardstickzahl:	Touring: 117 Sprint: 111
Internet:	gruben.de
Besonderheiten:	Es gibt die Version »Sport« und die Version »Touring«.

Name:	Gipsy
Kategorie:	Freizeitboot, Strandjolle
Crewstärke:	3
Länge über Alles:	3,95 m
Breite über Alles:	1,64 m
Gewicht:	110 kg
Segelfläche:	9 qm, 10,5 qm
Takelungsart:	Slup
Yardstickzahl:	125, 116
Internet:	gruben.de
Besonderheiten:	Boot wird mit 9 qm und mit 10,5 qm Segelfläche angeboten.

Gipsy.

Die genannten Boote sind von der Idee her Allroundboote – für alles zu gebrauchen, was man mit Jollen so anstellen kann. Eine Regatta ist also auch mal drin, zumal Yardstickzahlen existieren. Aber sie sind eben keine Spezialisten.

H-Jolle

Der Entwurf für diese charaktervolle Jolle stammt aus der Mitte der 20er Jahre des vorigen Jahrhunderts. Damit gehört sie zu den dienstältesten Konstruktionsklassen. Es gibt also Grenzmaße wie etwa Maximallänge, Maximalbreite oder Minimalgewicht (und noch ein paar andere Maße mehr) – ansonsten kann man das Boot bauen, wie man will. Folglich hängt es an einer gut durchdachten Konstruktionsvorschrift, ob man ein Boot nach mehreren Evolutionsschritten überhaupt noch mit dem Erstentwurf vergleichen kann oder ob man es umgekehrt überhaupt modernisieren und somit der Materialentwicklung anpassen kann.
Die H-Jolle wurde in Vollholz gebaut und wird immer noch in formverleimter Holzausführung sowie in GFK gebaut. Das Rigg kann aus Vollholz oder Alu bestehen. Wegen der verschiedenen Baustoffe und weil es sich um ein Konstruktionsklassenboot handelt, gibt es sehr unterschiedliche Ausführungen – vor allem das Gewicht betreffend. 190 kg muss ein Regattaboot mindestens wiegen, ältere Vollholzexemplare bringen es aber ohne Weiteres auf 300 bis 400 kg. Mit unterschiedlichen Yardstickzahlen versucht man, das Gewichtshandicap bei Regatten auszugleichen.
Wer gerne ein gaffelgetakeltes Boot segeln möchte, hat eine realistische Chance, eine derartige H-Jolle zu bekommen.
Die Jolle wurde von vorneherein als Wanderjolle erdacht. Als solche hat der Rundspanter Auftriebskörper und zeichnet sich durch ein gutmütiges Segelverhalten aus. Dabei gilt das Boot als Flautenläufer, da es sich auf bis zu 23 qm Segelfläche aufrüsten lässt; setzt man dann noch einen Spinnaker von 36 qm, dann segelt die H-Jolle schon mit Thermik …
Die Preise sind sehr unterschiedlich. Man kann ein gebrauchtes Restaurierungsobjekt ab 500 Euro bekommen. Der Preis für ein neues Regattaboot liegt um die 13.000 Euro.

Name:	H-Jolle
Kategorie:	Freizeitjolle, Regattajolle
Crewstärke:	2
Länge über Alles:	max. 6,20 m
Breite über Alles:	max. 2,15 m
Gewicht:	min. 190 kg
Tiefgang:	max. 2,0 m
Segelfläche:	23 qm
Masthöhe:	max. 7,50 m
Takelungsart:	Slup
Yardstickzahl:	104, 106, 110 abhängig vom Typ.
Klasse:	Konstruktionsklasse
Internet:	www.h-jolle.net
Besonderheiten:	Erhältlich in Vollholz, als formverleimtes Boot und in GFK

Ixylon

Name:	Ixylon
Kategorie:	Regattaboot, Freizeitboot
Crewstärke:	2
Länge über Alles:	5,10 m
Breite über Alles:	1,80 m
Gewicht:	190 kg
Tiefgang:	0,18–0,82 m
Segelfläche:	14 qm
Masthöhe:	7,0 m
Takelungsart:	Slup
Yardstickzahl:	109/115
Klasse:	Nationale Klasse, Einheitsjolle
Internet:	http://www.xy-class.org

Die Ixylon ist eines der wenigen Boote aus der ehemaligen DDR und hat bis heute als Nationale Klasse überlebt. Das Boot wurde Ende der 1960er Jahre vom Konstruktionsbüro der Yachtwerft Berlin entworfen. In der DDR war sie ein gerne gesegeltes Regattaboot, 1974 gab es die erste DDR-Meisterschaft auf der Ixylon. Nach der Wende wurde sie als Einheitsklassenboot vom DSV katalogisiert.
Eine Besonderheit der Ixylon ist, dass sie ein Kimmschwerter ist. Sie hat also kein zentrales Schwert, sondern zwei Seitschwerter. Eine Folge davon ist, dass die Crew im Cockpit mehr Platz findet – auch zum Übernachten, denn die Ixylon wird von der Klassenvereinigung auch als Wanderboot gepflegt. Bei Seitschwertern muss das jeweilige Leeschwert gefiert werden. Das Boot müssen sich Anfänger allerdings erst erarbeiten. Es ist einfach zu bedienen, muss aber auf der Regatta konzentriert gesegelt werden.
Routinierte Ixylonsegler lassen sich auch nicht von ausgedehnten Touren abhalten, die auch schon mal rund um Rügen gehen können. Wer so etwas plant, sollte aber wissen, was er tut. In diesem Fall nutzt man zum Übernachten auf dem Boot eine Zeltpersenning. Für Gepäck hat das Boot einen wasserdichten Stauraum im Achterschiff und spritzwassergeschützen Platz im Vorschiff.
Bis heute sind 5.300 Boote hergestellt worden, Hersteller ist die Firma BTM.
Neuboote gibt es in den Versionen Family, Fun und Regatta mit jeweils unterschiedlicher Ausstattung. Die Preisspanne reicht von knapp unter 10.000 bis etwa 14.000 Euro (Regattaversion). Die Gebrauchtpreise können bei 2.000 Euro anfangen, gebrauchte Regattaboote sind aber in der Regel weit teurer.

Javelin

Die Javelinsegler sind in Deutschland eine relativ kleine Gemeinde. Das in England entworfene Boot ist außer auf der Insel noch in den Niederlanden und eben in Deutschland verbreitet; insgesamt wurden seit 1968 580 Boote gebaut. Die Regattafelder liegen in Deutschland in der Regel bei ca. 15 Booten. Dabei ist es durchaus üblich, dass Deutsche und Niederländer sich wechselseitig ergänzen.
So etwas hat Nachteile, wenn man eine populäre Klasse und viele Gegner sucht, Vorteile hat es aber auch. Mitglieder kleiner Klassenvereinigungen sind in der Regel durch einen freundschaftlichen Umgang miteinander verbunden und helfen sich mit Tipps und Tat weiter.
Javelinsegler siedeln ihr Boot von den Segeleigenschaften her in der Nähe der 505er oder des Flying Dutchman an. »Die Konstrukteure wollten etwas dazwischen entwerfen.« Die Javelins zeichnen sich dadurch aus, dass sie etwas sanfter in die Gleitphase kommen und dann ein hohes Geschwindigkeitspotenzial zeigen: »Bei Javelinregatten sind wir fünf Minuten nach den 505ern gestartet, und unsere Spitzenleute waren schon bald an den 505ern heran.« Das Boot hat ein schlankes Unterwasserschiff und ist schon bei wenig Wind flott unterwegs.

Javelin bei rauem Wetter vor Makkum. Foto: Volkmar Prehn.

Die genaue Zahl der Javelins in Deutschland ist schwer zu ermitteln; der größte Teil der Boote segelt außerhalb der Regattawertungen herum, zur Freude von Seglern, die Spaß an einem anspruchsvollen Boot mit Spinnakertrompete und Trapez haben, das eine gute Mütze Wind vertragen kann, wenn man es beherrscht. Ein gutes Crewgewicht bringen Steuermann und Vorschoter auf, wenn sie sich auf etwa 160 kg summieren.

Sollte das Boot sich dann zu weit auf die Seite legen, zeigt sich ein angenehmes Verhalten des Modells: Eine gekenterte Javelin liegt mit dem Mast und vor allem mit dem Schwert etwa auf Wasserniveau. Das bedeutet, dass die Gefahr des Durchkenterns gering ist – und man kommt relativ anstrengungslos auf das Schwert, um das Boot wieder aufzurichten.

Weil die Klasse so klein ist, existiert nur ein sehr eingeschränkter Gebrauchtmarkt mit Durchschnittspreisen. Mit etwas Glück können ältere »segelbare« Boote schon ab 1.000 Euro aufgesammelt werden. Für ein halbwegs regattafähiges Boot sollte man schon eher 2.000 bis 3.000 Euro einplanen. Gebrauchte Spitzenboote können aber auch ca. 10.000 Euro kosten. Wer sich ein neues Boot zulegen möchte, bestellt den Rumpf bei einem Bootsbauer in England. Dabei ist das »Dreiländer-Netzwerk« der Javelinklassen immer sehr hilfreich. Den Restausbau übernimmt man selbst und hat bei der Beschlagsauswahl und -anordnung allerlei Freiheiten, ohne gegen das Regelwerk zu verstoßen; das sorgt unter dem Strich für ein vergleichsweise günstiges Neuboot. Je nach Ausstattung sind dann ca. 12.000 bis 15.000 Euro aufzubringen.

Name:	Javelin
Kategorie:	Regattaboot, Freizeitboot
Crewstärke:	2
Crewgewicht optimal:	160 kg
Länge über Alles:	5,38 m
Breite über Alles:	1,70 m
Rumpfgewicht:	118 kg
Gewicht segelfertig:	ca. 150 kg
Tiefgang:	0,15–1,20 m
Segelfläche:	16,3 qm + 19 qm Spinnaker
Masthöhe:	7,4 m
Takelungsart:	Slup
Yardstickzahl:	97
Klasse:	Eintypklasse
Internet:	http://www.segel.de/javelin/ http://www.javelinuk.com/ http://www.jjboats.co.uk/

Javelin auf dem Trailer.

Jeton

Man sieht ihn, aber man sieht ihn nicht all zu oft. Der Jeton ist eine Regattajolle, deren Geschichte 1970 begann. Uwe Mares und Hubert Raudaschl haben das Boot entworfen. Die gewünschten Eigenschaften: einfach, schnell, robust und günstig zu haben.
Der interessante Doppelbügel aus Edelstahl, der als Masthalterung und Fixpunkt für diverse Leinen dient, ist ein Erkennungszeichen im Detail. Das Boot ist flach gebaut, hat elegante Linien und wird mit Trapez und Spinnaker gesegelt. Ein Manko ist, dass die Regattafelder klein sind; sechs Boote, zehn Boote weisen die Ergebnislisten der Klassenvereinigung an Teilnehmern aus.
Wer nach einem 70er-Jahre-Orange Ausschau hält und sich davon nicht schrecken lässt, kann zufällig bei einem Jollenclub über einen Jeton stolpern und ihn wahrscheinlich recht günstig bekommen. Von daher würde ich das Boot denjenigen empfehlen, die spaßeshalber ein flottes Boot segeln wollen, das einen Vorschoter braucht, um sein Potenzial zu entfalten. Interessant ist, dass die Klassenvereinigung eine Baulizenz für das Boot hält.

Name:	Jeton
Kategorie:	Regattaboot
Crewstärke:	2
Länge über Alles:	4,95 m
Breite über Alles:	1,82 m
Gewicht:	135 kg
Tiefgang:	1,12 m
Segelfläche:	15 qm
Masthöhe:	7,30 m
Takelungsart:	Slup
Yardstickzahl:	105, 107 ab Baujahr 1995
Klasse:	Nationale Klasse
Internet:	http://www.segel.de/jeton/

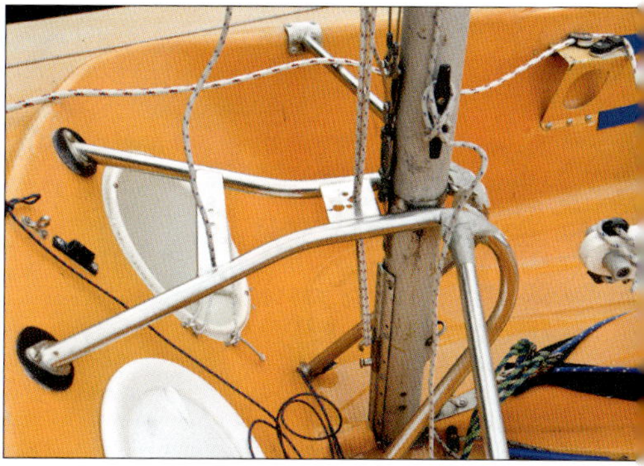

Eine hübsche Aufgabe für Edelstahlschlosser: Haltebügel an der Jeton.

Kombiboot Rügen

Name:	Kombiboot Rügen
Kategorie:	Freizeitboot. Mehrzweckboot
Crewstärke:	2–5
Crewgewicht optimal:	400 kg
Länge über Alles:	4,57 m
Breite über Alles:	1,92 m
Gewicht:	220 kg
Tiefgang:	0,15–1,0 m
Segelfläche:	11,5 qm
Masthöhe:	6,0 m
Takelungsart:	Slup
Klasse:	Nationale Klasse
Internet:	http://www.wiekerboote.de

Das Boot ist als Mehrzweckboot gebaut – und damit hat es eine Sonderstellung. Schon in der DDR wurde das Kombiboot in Wiek auf Rügen hergestellt. Derzeit zeichnet die Firma Wiekerboote dafür verantwortlich. Sie stellt auch die größere Schwester her, die Kajütrügenjolle. Die Bootsbauer auf der Insel haben eine robuste Familienjolle auf dem Markt. Sie kann gesegelt und gerudert werden und sie ist für den Anbau eines 15-PS-Außenborders vorgesehen.
Mit seinem dem Klinkerbau nachempfundenen GFK-Rumpf orientiert sich das Kombiboot Rügen klar an Fischerbooten, mit seiner Entwurfskategorie C ist es küstentauglich ausgelegt. Das Boot ist als Segler ohne Schnickschnack hergestellt und einfach zu bedienen. Wer es gesegelt hat, wird feststellen, dass es gutmütig reagiert, Fehler verzeiht und Böen locker wegsteckt. Selbst wenn man das Boot alleine segelt, kommt man ungerefft bei Windstärke 5 nicht in Bedrängnis. Es weist also Eigenschaften auf, die man von einem Boot mit Berufsfischer-DNA erwartet. Dazu sind unter Deck beruhigende 300 l Auftriebsraum einlaminiert, die das Boot nach gängigen Kriterien unsinkbar machen. Im Cockpit ist ausreichend Platz für eine Besatzung von bis zu 5 Leuten

Foto: Wieker Boote GmbH.

Gute Wasserlage. Foto: Wieker Boote.

Detail: Die Fallführung am Schwert. Foto: Wieker Boote.

– die Werft gibt 400 kg als Maximalgewicht an. Bei Wind ist das Boot durchaus flott, aber von einem auf Sicherheit und Robustheit ausgelegten Boot kann man nicht erwarten, dass es als Flautenläufer brilliert. Das Kombiboot Rügen empfiehlt sich also als solides Wander- und Freizeitboot, zumal entsprechend Stauraum im Vorschiff vorhanden ist, um Wandergepäck auch unterzubringen.

Neu kostet das Boot um die 7.500 Euro.

Koralle

Name:	Koralle
Kategorie:	Familienboot
Crewstärke:	2
Länge über Alles:	4,10 m
Breite über Alles:	1,45 m
Gewicht:	78 kg
Tiefgang:	0,11–0,65 m
Segelfläche:	8,5 qm oder 10qm zwei Versionen
Masthöhe:	5,5 m, teilbar
Takelungsart:	Sloop
Yardstickzahl:	121, 119, versionsabhängig
Besonderheiten:	Kimmschwerter; wird nicht mehr hergestellt.

»Hach – wie niedlich!«, das dürfte eine häufige spontane Reaktion sein, wenn ein Segler das erste Mal eine Koralle auf dem Wasser sieht. Die Grundidee war, eine Jolle zu bauen, die auf dem Autodach transportiert werden kann.
Die knuffige Koralle ist ein kleines Lehrstück über Zeitgeist. Als sie in den 1960er Jahren auf dem Markt kam, pries die Werft sie als eierlegende Wollmilchsau für Regatten und als Freizeitboot für die Familie an, mit dem sich prima wasserwandern lässt. Die Konstrukteure hatten auch keine Hemmungen, das Miniboot zusätzlich noch mit einem Außenborder zwischen 3 und 5 PS belasten zu wollen. Sogar für Übernachtungen sollte sie geeignet sein: In diesem Fall empfahl die Atlantawerft, die Zeltpersenning über dem Baum anzubringen. Das entlockt einem ein Lächeln: Auf dem Plichtboden einer offenen Jolle zu schlafen, das sieht man heutzutage ab und an noch in den Niederlanden. Junge Leute machen das auf Valken – und die sind knapp zwei Meter länger als die Koralle.

Die leichte Koralle kann einiges – zum Beispiel mit nur 4,10 m Länge eine zweieinhalbköpfige Crew segeln.

Bei den deutlich gestiegenen Anforderungen an Größe und Platz würde die 4,10 m lange Jolle mit ihren leichten 78 kg heute höchstens noch als Kinder- oder Jugendboot vermarktet werden.
Die dreiköpfige Besatzung auf dem Foto sieht aus, als sei sie per Fotosoftware einmontiert; die Proportionen scheinen nicht zu stimmen – die Menschen wirken zu groß, das Boot zu klein. Es ist aber alles in Ordnung.
Sollten Sie auf eine Koralle als Scheunenfund stoßen, wundern Sie sich nicht über den Mast. Zwei Metallmanschetten verbinden zwei Mastteile – und das ist nichts Geflicktes, sondern der von den Erbauern vorgesehene Originalzustand. Die fünfeinhalb Meter sollten eben auch noch auf dem Autodach untergebracht werden können.
Die Koralle hat eine weitere Besonderheit: Sie ist ein Kimmschwerter, das heißt, statt eines Schwertes in der Mitte hat sie zwei kleine Seitenschwerter. Dabei wirkt das jeweilige Leeschwert – ähnlich wie bei Plattbodenschiffen – der Abdrift entgegen.
Das Boot kam in zwei Versionen auf den Markt: mit einer Segelfläche von 8,5 qm und als Rennversion mit 10 qm. Der Rumpf besteht entweder aus Kunststoff mit einem Deck aus Mahagonisperrholz, oder die Koralle wurde (anfangs) ganz aus Sperrholz gebaut.
Eine Koralle war mein erstes eigenes Boot, von daher kenne ich sie ganz gut; als Minibötchen ist sie sofort vertrimmt, wenn sich der Segler minimal bewegt. Andererseits ist es erstaunlich, wie gutmütig sich dieser Segelzwerg in Böen verhält und wie tapfer er notfalls eben eine zweieinhalbköpfige Crew übers Wasser trägt.
Die Werft aus dem Allgäu hat 1978 geschlossen; eine Koralle werden Sie wahrscheinlich nur noch mehr oder minder vernachlässigt auf irgendeinem Gartengrundstück und zu einem sehr günstigen Preis finden. Bevor Sie zuschlagen, sollten Sie die Verbindung von Sperrholzdeck und Rumpf überprüfen: Hier hat das an sich sauber konstruierte Boot nach Jahrzehnten Schwachstellen an Püttingen und Vorstagbefestigung.
Wenn Sie sich in das Boot verlieben, dann weil es eine liebenswürdig aus der Zeit gefallene Jolle mit Seltenheitswert ist, die sich dafür eignet, schnell und unkompliziert an einem kleinen See für ein paar Stunden gesegelt zu werden.

Korsar

Den Korsaren habe ich mir bei einer Regatta in der Nähe von Duisburg angesehen: ein reinrassiges Regattaboot, 5 m lang und dynamisch im Segeln, wenn es von einer Crew gehandhabt wird, die es beherrscht. Ursprünglich wurde der Korsar aus formverleimten Holzfurnieren gebaut. Mittlerweile dominiert GFK, es gibt auch sehr schöne Boote mit GFK-Rumpf und formverleimten Deckaufbauten.
»Der Korsar war als kleine Version des Flying Dutchman geplant«, erklärt mir ein Segler, »der Dutchman war für Jugendliche zu groß. Der Korsar wird gerne von gemischten Crews gesegelt«; man braucht kein maximales Crewgewicht von zwei stabilen Männern, um das Boot im Griff zu haben.
1958 von Ernst Lehfeld konstruiert, hat es der Korsar geschafft, bis heute eine aktive Fangemeinde zu behalten. In Deutschland zählt die Klassenvereinigung 3.800 gebaute Korsaren, im Ausland insgesamt 1.300.
Auf Regatten wird er im Trapez und mit Spinnaker gesegelt. Das Boot kann, wenn es richtig getrimmt ist, auch bei wenig Wind ins Gleiten kommen. Allerdings sollte man sich mit den Trimmeinrichtungen vertraut machen, um die Möglichkeiten des Bootes nutzen zu können.

Regattaerfahrene Korsaren sagen, dass es vor etwa 30 Jahren einen Entwicklungssprung gab, bei dem die Rumpfform optimiert wurde. Das bedeutet, dass seitdem gebaute Boote durchaus untereinander wettbewerbsfähig sind. Wer den Korsaren ohne Regattaambitionen einfach als schnellen Zweimannsegler haben möchte, findet auf dem Markt Holzausführungen ab ca. 1.000 Euro. Die Preise für Regattaboote liegen deutlich darüber. Die Klassenvereinigung betont die Wertbeständigkeit des Bootes. Außer in Deutschland finden sich Korsarensegler auch in Österreich und der Schweiz.

Name:	Korsar
Kategorie:	Regattajolle
Crewstärke:	2
Crewgewicht optimal:	140–160 kg
Länge über Alles:	5,00 m
Breite über Alles:	1,70 m
Gewicht:	130 kg
Tiefgang:	0,1–1,0 m
Segelfläche:	14,7 qm
Masthöhe:	nicht vorgeschrieben
Takelungsart:	Slup
Yardstickzahl:	103
Klasse:	Nationale Klasse
Internet:	http://www.korsar.de/index.php?id=192

Das Segelzeichen des Korsar und sein Spinnaker.

Laser II

Name:	Laser II
Kategorie:	Regattaboot
Crewstärke:	2
Crewgewicht optimal:	115–140 kg
Länge über Alles:	4,39 m
Breite über Alles:	1,42 m
Gewicht:	79 kg
Tiefgang:	0,2–1,0 m
Segelfläche:	11,52 qm
Masthöhe:	5,80 m
Takelungsart:	Slup
Yardstickzahl:	108
Klasse:	Internationale Klasse, One Design
Internet:	http://www.laser2.de
Besonderheiten:	teilbarer Mast

»Man kommt schnell rein in das Laser-II-Segeln«. Das Boot ist einfach zu segeln, schnell aufgebaut und besonders für flaches Wasser geeignet«, so fasst Matthias Düwel die Vorzüge seines Bootes zusammen. Er ist im Vorstand der Klassenvereinigung und kennt sein Fahrzeug.

Konstrukteur Frank Bethwaite entwarf den Laser II als robuste Zweimannjolle, die nicht zu kompliziert sein sollte. Seit der Premiere sind rund 10.500 Boote gebaut worden. Die Crew sollte idealerweise zwischen 115 und 140 kg auf die Waage bringen, um gute Gewinnchancen zu haben.

Die Trimmmöglichkeiten sind überschaubar: Niederholer, Cunningham und Unterliekstrecker gehören dazu. Für Laser-II-Segler ist das ein Vorteil des Bootes: Man stellt etwa die Wantenspannung vor dem Rennen ein – unterwegs ist das nicht vorgesehen. Damit entscheidet auf der Regattastrecke taktische Intelligenz darüber, wie weit vorne man sich positioniert.

Foto: Jacob Niewarra.

Nach Düwels Ansicht ist der Laser II für Einsteiger in das rasante Segeln gut geeignet – in Italien wird er von Segelschulen genutzt. Um die »rasende Kühlschranktür« zu beschleunigen, hat sie eine Trapezeinrichtung, und ein Spinnaker kann gesetzt werden.

Der Laser II wird auch außerhalb der Regattabahnen gesegelt; zu diesem Zweck wurde eine Zeit lang ein »Laser II Fun« hergestellt, den man ab und zu noch sehen kann.

»Wenn man nicht besonders viel Geld für den Spaß am Segeln investieren will, ist man beim Laser II gut aufgehoben«, sagt Düwel. Zudem lässt sich das Boot zusammen mit dem teilbaren Mast noch auf dem Autodach transportieren.

Gebraucht muss man für einen Laser II 2.500 bis 3.500 Euro einplanen, neu kostet das Boot um 8.500 Euro.

Lis

Ein gutmütiges Wander- und Freizeitboot. Stabil und sicher zu segeln. Die Werft Gade Bootsbau preist die Schlupfkajüte ausdrücklich als Raum an, in dem zwei Erwachsene sich in ihren Schlafsack rollen können.
Die Klassenvereinigung verzeichnet auch Regattafelder – die sind aber eher klein. Regatten werden etwa auf dem Unterbacher See in NRW und dem Langener Waldsee in Hessen ausgesegelt. Der Vorteil solcher kleinen Felder: Die Plätze eins bis drei sind auch für Regatta-anfänger in erreichbarer Nähe …
Ansonsten ist das Boot – obwohl es auch mit Spinnaker und im Trapez bewegt werden kann – eher für den Segelnachmittag alleine oder mit ein oder zwei Freunden gedacht. Oder eben, um Touren zu segeln. Dazu passt, dass zur Standardausrüstung eine Rollfock gehört, die man in der Größe 4 oder 5 qm wählen kann. Die Lis-Jolle ist übrigens der Unterbau des ebenso für seine Gutmütigkeit und Stabilität

bekannten Lis-Jollenkreuzers (Seite 119).
Die Preise für eine gebrauchte Lis-Jolle fangen etwa bei 1.000 Euro an, gut erhaltene Boote können auch 4.500 Euro kosten. Der Preis für ein Neuboot liegt bei 9.500 Euro.
Sie finden Lis-Jollen praktisch auf allen Binnengewässern verstreut; sie zählen zu den Booten, die aufgrund ihrer robusten Natur die Jahre und die dabei wechselnden Designmoden im Großen und Ganzen ungerührt überstehen. Es gibt sicher Jollen, die mehr Schick haben. Aber mit der Lis haben sie ein unkompliziertes, zuverlässiges Fahrzeug, um einfach mal loszusegeln.

Name:	Lis-Jolle
Kategorie:	Freizeitboot, Wanderboot
Crewstärke:	2–3
Länge über Alles:	5,00 m
Breite über Alles:	1,72 m
Gewicht:	170 kg
Tiefgang:	0,25–1,25 m
Segelfläche:	12 qm oder 13 qm
Masthöhe:	6,87
Takelungsart:	Slup
Yardstickzahl:	118
Klasse:	Verbandsklasse
Internet:	http://www.lis-klasse.de

Pirat

Name:	Pirat
Kategorie:	Jugendboot, Regattaboot
Crewstärke:	2
Länge über Alles:	5,00 m
Breite über Alles:	1,61 m
Gewicht:	je nach Baumaterial
Tiefgang:	0,20–1,05 m
Segelfläche:	10 qm
Masthöhe:	6,29 m
Takelungsart:	Slup
Yardstickzahl:	110, 113, 116
Klasse:	Nationale Klasse
Internet:	http://www.piraten-kv.de/

Der Pirat existiert seit den ausgehenden 1930er Jahren als Jugend- und Regattaboot. Der Knickspanter ist robust, stabil beim Segeln und mit 10 qm Segelfläche nicht übertakelt. »Ich segle den Piraten gerne; man muss nicht so schwer sein und nicht so durchtrainiert, um ihn unter Kontrolle zu behalten – und in NRW gibt es viele Regatten mit dem Piraten«, sagt Michael Riedl Leuenstern; er hat den Piraten auf Regatten schätzen gelernt. Insgesamt knapp 250 Boote verzeichnet die Klassenvereinigung in ihrer Rangliste – rund 20 Prozent der Segler sind Jugendliche.

Wenn man den Piraten als Regattaboot wählt, dann muss man wissen: »Es ist ein Taktikboot«. Deswegen, weil beim Bau des Piraten so ziemlich alles reglementiert ist – und somit reine Materialsiege von investitionsfreudigen Piraten ausgeschlossen sind.

Der Pirat erfreut sich einer breiten Altersspannweite vom jugendlichen bis zum erwachsenen Segler – weil das Boot einfach Spaß macht und leicht zu bedienen ist. Ich segle den Piraten

Foto: Horst Kaufmann.

Als Freizeitboot gut alleine zu segeln.

gerne alleine. Das ist nicht ganz im Sinne des Erfinders, weil das Boot mit Vorschoter flotter fortzubewegen ist. Aber es geht, und es macht einfach Freude, ihn einfach als reines Freizeitboot zu nutzen. Man ist nah am Wasser, und so schnell wirft den Piraten keine Böe um. Obwohl viele Segelschulen aus Gründen des Nichtsoschnellumkippens auf Kielboote setzen, findet man Piraten hier und da auch als Schulboote – eben weil sie recht einfach zu handhaben sind, auch wenn Steuermann und Vorschoter noch unerfahren und nicht so gut aufeinander eingespielt sind: echtes Jollengefühl ohne Reue.

Bei Gebrauchtbooten muss man unterscheiden: Es gibt noch Vollholzboote, mit Glück sogar solche, die von Liebhabern aufs Schönste restauriert wurden. Holz ist häufig billiger, weil potenzielle Käufer mit einem deutlichen Mehr an Pflegeaufwand kalkulieren und sich dann doch für Kunststoff entscheiden. Und es gibt den Piraten in GFK. Zu einem Preis zwischen 3.000 und 5.000 Euro bekommt man einen regattafähigen Gebrauchten. Für ein Neuboot kann man rund 22.000 Euro auf den Tisch des Bootsbauers legen.

Sharpie

Name:	Sharpie
Kategorie:	Regattaboot, Freizeitboot
Crewstärke:	2
Länge über Alles:	5,99 m
Breite über Alles:	1,43 m
Gewicht:	320 kg
Segelfläche:	17 qm
Masthöhe:	4,85 m
Takelungsart:	Gaffelslup
Yardstickzahl:	109
Klasse:	Einheitsklasse
Internet:	http://sharpie-kv.de
Besonderheiten:	Klassiker

Der Sharpie ist ein Klassiker und Liebhaberboot. 1930 erstmals zu Wasser gelassen, sollte er eine vergleichsweise günstige Regattajolle sein. Von den etwa 180 existierenden Sharpies findet man 20 über die deutsche Landkarte verteilt. Am stärksten verbreitet ist das Boot in Großbritannien und den Niederlanden.
Boot und Mast sind damals wie heute aus Vollholz, was den eigenständigen Charakter der Sharpies unterstreicht. Dazu gehört, dass der Sharpie eines der ganz wenigen gaffelgetakelten Boote in der Jollenszene ist.
Wegen der insgesamt geringen Anzahl an Booten ist es wahrscheinlicher, einen Sharpie vererbt zu bekommen, als ihn kaufen zu können. Deshalb lassen sich auch schlecht Marktpreise für das Boot angeben.

Klassiker mit Gaffelrigg: der Sharpie. Foto: Fotolia/Paolo Resende.

Teeny

Name:	Teeny
Kategorie:	Jugendboot, Regattaboot
Crewstärke:	2
Crewgewicht optimal:	80–90 kg
Länge über Alles:	3,15 m
Breite über Alles:	1,38 m
Gewicht:	50 kg
Tiefgang:	0,13–0,83 m
Segelfläche:	5,4 qm
Masthöhe:	3,7 m effektiv
Takelungsart:	Slup
Yardstickzahl:	140
Klasse:	Nationale Einheitsklasse
Internet:	http://www.teeny-kv.de

Da flitzen sie also übers Wasser, die Teeny-Jollen. Es macht Spaß, den Bootsführern zuzusehen, wie erfahren und engagiert sie die Boote zusammen mit ihrem Vorschoter steuern. Die Teeny-Jolle ist ein Zweierboot, das vor etwas mehr als 25 Jahren von Günther Ahlers konstruiert wurde und mittlerweile als nationale Einheitsklasse anerkannt ist. Wurden die Boote früher in der Dehler-Werft gebaut, findet der Bau heute in der Ziegelmeyer-Werft statt.
Wie mir die Profis versichert haben, sind die Boote im Laufe der Zeit besser und leichter geworden. Ca. 5.000 Euro muss man für so eine Jolle hinblättern, dann allerdings hat sie alles Drum und Dran. Gebrauchtboote kann man als »Möhrchen« kaufen, das zwar nur 200–300 Euro kostet, jedoch nicht mehr regattafähig ist. Wenn Clubs ihre alten Boote ausrangieren, ergibt sich vielleicht die Gelegenheit zu einem Schnäppchen.

230 werden pro Jahr gebaut, auf Regatten werden davon 50–70 gesegelt. Bei der Sicherheit, die die Crews ausstrahlen, möchte man meinen, man hat es mit alten Hasen zu tun, tatsächlich aber steht man recht jungen Hasen gegenüber. Das Boot ist für Kinder und Jugendliche im Alter von 7–15 Jahren gebaut. Demzufolge liegt das Idealgewicht der Crew zwischen 80–90 kg.
Warum segelt man also ausgerechnet diese Jolle? »Weil es schöner ist, als in einem Einmannboot zu segeln, weil man auf netten Regatten nette Leute trifft und weil jeder jeden kennt.«
Die Teeny-Jolle, sagen die jungen Segler, sei eine heruntergestufte 420er. Sie wird weniger mit Taktik als mit Einsatz von Trapez und Spinnaker gesegelt. Vom Grundgerüst her ist sie einfach zu trimmen; eigentlich trimmt man nicht viel. Vielleicht 5–6 Sachen am Boot, zum Beispiel Baumniederholer, Fockspannung und Cunningham, Vorstagsdreieck am Achterliek, eventuell Wantenspannung, aber in den meisten Fällen lässt man das schon.
Auf den Regatten besteht eine Rangliste aus 10 Booten, meistens hat man 10–20 Boote. Auf der deutschen Meisterschaft und bei besonders schönen Regatten wie der in Malente befinden sich sogar 40 Boote im Wettkampf.
Man hat eben viele Möglichkeiten, das Teeny zu segeln: Drei Regatten braucht man für die Deutsche Meisterschaft, aber es geht auch einfach so zum Spaß am Wochenende.

Tempo Scow

Die Tempo Scow ist ein Boot aus der Familie der Scows, einer besonderen Konstruktion, deren Stammbaum bis ins Jahr 1890 zurückgeht. Historisch gesehen waren Scowschoner als Arbeitsschiffe besonders dafür konstruiert, flache Buchten anzulaufen. Eine evolutionäre Seitenlinie der Scows sind dann die Jollen, die in den USA entwickelt wurden. An den großen Seen des Mittleren Westens und Kanadas schlossen sich Segelvereine zur »Inland Lakes Yachting Association« zusammen und erarbeiteten eine Vermessungsformel, die dazu führte, dass die Scows zu den dominierenden Booten wurden.
Ihre Kennzeichen: wenig Freibord, breiter und flacher Rumpf, viel Tempo. Bis zu diesem Entwicklungsschritt befinden wir uns noch im 19. Jahrhundert. Die Tempo Scow hat der Südafrikaner Jack Körper, der auch für etliche weitere Variationen der Scow verantwortlich ist, 1963 entworfen. Alle Boote aus seiner Feder sehen aus wie ein eine Mischung aus Bügel- und Surfbrett. Die eigenwillige Konstruktionsform des Bootes bringt es mit sich, dass es mit Krängung gesegelt werden will und kann: Die Rumpfform sorgt für eine hohe Kentersicherheit. Die Segler arbeiten mit Spinnaker und Trapez daran, die Tempo Scow über die Regattabahn zu treiben.
Die Scowsegler schätzen an ihrem Boot, dass es »leicht, spritzig und rasant« ist, zudem bietet es für Einsteiger wenige Schwierigkeiten bei der Bootsbeherrschung. Die Klassenvereinigung bietet Einsteigern Hilfestellung in Form von Probesegeln an und pflegt zudem den freundschaftlichen Ton, der in kleinen Segelgemeinden üblich ist.

Tempo Scow mit Holzdeck. Foto: Dr. Roger Kolwes.

In Deutschland mit Schwerpunkten in NRW und Niedersachsen sowie in den Niederlanden setzte sich die Tempo Scow als Regattaboot durch. In den 1980er Jahren verblasste die Popularität des Bootes, die Regattafelder wurden kleiner, und die Wettkämpfe der letzten Jahre tragen nur noch eine Handvoll Scowsegler untereinander aus. Wer sich dazugesellen will, kann eine Tempo aus Holz oder aus GFK-Sandwich wählen. Wegen der geringen Anzahl ist es schwer, einen Gebrauchtmarktpreis anzugeben.

Name:	Tempo Scow
Kategorie:	Regattaboot
Crewstärke:	2
Länge über Alles:	4,73 m
Breite über Alles:	1,52 m
Gewicht:	100 kg
Tiefgang:	0,98 m
Segelfläche:	12,4 qm
Masthöhe:	7,70 m
Takelungsart:	Slup
Yardstickzahl:	111
Klasse:	Konstruktionsklasse
Internet:	http://www.tempo-scow.de

Foto: Dr. Roger Kolwes...

Vaurien

Wie auf dem Bild leicht zu erkennen, ist der Vaurien ein Knickspanter – und das bedeutet: eine stabile Jolle. Sie ist auch von Anfängern gut zu beherrschen, und wen es nicht gerade auf der Regattabahn treibt, der kann sie gut alleine segeln.
»Vaurien kann jeder segeln. Die Kunst ist, ihn schnell zu segeln«, sagt ein Segler, der sein Boot gerade regattafertig macht. Das Boot wurde 1951 vom Franzosen Jean-Jacques Herbu-

Name:	Vaurien
Kategorie:	Regattaboot, Freizeitboot
Crewstärke:	2
Crewgewicht optimal:	100–150 kg
Länge über Alles:	4,08 m
Breite über Alles:	1,47 m
Gewicht:	95 kg
Tiefgang:	0,15–0,96 m
Segelfläche:	10,5 qm
Takelungsart:	Slup
Yardstickzahl:	121
Klasse:	Internationale Einheitsklasse
Internet:	http://www.vaurien.de/

Unterwasserschiffkontrolle bei einer Vaurien.

Alles klar für die Regatta.

lot als Schulboot konstruiert. Das sagt schon viel aus, denn wer in der rauen Bretagne segeln lernt, kann wahrscheinlich überall segeln – braucht aber auch ein Boot, das dort tauglich ist.
Somit kann man sich dem Vaurien fast unbesorgt anvertrauen. Rund 36.000 Boote sind gebaut worden. Das optimale Crewgewicht liegt zwischen 100 und 150 kg. Teilt man das durch zwei, kommt dabei heraus, dass auch Jugendliche sich mit dem Boot etwas trauen können. Am Ende hat man mit dem Vaurien also ein unkompliziertes, durchaus schnelles und robustes Boot, das bei der Regatta und beim Freizeitsegeln eine gute Figur macht. Man findet die Boote häufig in NRW und in den Beneluxländern.
Vaurien sind relativ günstige Jollen. Der Preis für ein neues, regattafähiges Boot liegt um 6.500 Euro. Gebrauchte bekommt man etwa ab 1.500 bis 2.000 Euro.

Der Vaurien kann auch schnell.

VB-Jolle

In den niederländischen Kanälen und Randmeeren sieht man öfter junge Leute, die mit einem solchen Boot Wochenendausflüge machen; die Jolle wird dort häufig preiswert verchartert und ist deswegen auch eine gute Wahl für Jungsegler, die Flottillensegeln mit Übernachtungsgelegenheit unter der Baumpersenning öfter als einmal im Jahr betreiben wollen.
Eine Regattaszene um die VB-Jolle existiert in Duisburg (NRW); sie hat um die 100 Mitglieder.
Da das Boot optisch nicht besonders viel hermacht, ist auch kein Imagefaktor im Preis für Gebrauchtboote inbegriffen. Preise für Neuboote kann man bei Holthausen Bootenbow in den Niederlanden erfragen.

Name:	VB-Jolle
Kategorie:	keine feste: Ausbildungsboot
	Es gibt eine kleine und eine grosse Version.
Crewstärke:	2–4
Länge über Alles:	4,80 m 6,00 m
Breite über Alles:	1,70 m 2,20 m
Gewicht:	200–450 kg
Tiefgang:	0,20–0,79 m 0,20–0,80 m
Segelfläche:	12 qm 6 qm
Masthöhe:	6,15 m 7 m
Takelungsart:	Slup
Yardstickzahl:	122
Internet:	http://www.segel.de/VB/

Sail & Surf
www.segelschule-ruegen.de
HST 319-15
2

6
HST 319-14
2
HST 319-15
www.segelschule-ruegen.de
N
NW
NO
Sail & Surf

Windy

Name:	Windy
Kategorie:	Freizeitboot, Regattaboot
Crewstärke:	2
Länge über Alles:	5,28 m
Breite über Alles:	1,98 m
Gewicht:	170 kg
Tiefgang:	0,15–1,25 m
Segelfläche:	16,1 m
Masthöhe:	7,65 m
Takelungsart:	Slup
Yardstickzahl:	102
Klasse:	Verbandsklasse
Internet:	http://www.windy-segeln.de

Diese Jolle gibt es in vier Versionen, die vor allem durch das Baujahr geprägt sind. Die erste Version kam 1962 als Windy Standard auf den Markt. Die Bauidee war eine Jolle, die sowohl für das Ausflugssegeln als auch für Regatten zu gebrauchen ist. Ende der 1960er Jahre wurde das Konzept um »Touren« erweitert – der Unterschied zwischen Ausflug und Touren besteht darin, dass ein wasserdichter Stauraum im Vorschiff auch Fahrten über mehrere Tage mit Gepäck ermöglichen sollte. Es folgten noch die Ausführungen »Racing S« und »Racing super«.

Die Windys wurden zunächst bis 1986 gebaut – 2000 Stück fanden ihre Käufer. Dann passierte zwei Jahrzehnte lang nichts, seit 2008 wird das Boot in der Version »Racing super« wieder aufgelegt. Die Unterbrechung hatte zur Folge, dass die Windygemeinschaft sehr überschaubar ist. Das wiederum hat eine andere Folge: Die Windysegler setzen wenig Ehrgeiz darin, das Boot mit technischen Innovationen zu verändern. Sie sehen sich eher als Liebhaber eines Klassikers, der erhalten werden soll. Man kann darin einen Nachteil sehen, es hat aber auch Vorteile. So sind ältere Boote in aller Regel konkurrenzfähig, da eben nicht Holzmast gegen Carbonmast antritt.

Das als Mittelmeerjolle entworfene Boot gilt als gutmütig und recht stabil.

Die Gebrauchtpreise bewegen sich schon wegen der unterschiedlichen Baujahre und -versionen in einem weiten Spektrum. Rechnen Sie für eine gebrauchte Windy mit etwa 1.500 bis 2.500 Euro.

XDinghy (X0, X1)

Das Besondere an dieser Rasekiste: Sie ist neu; bislang existieren nur ein paar Boote in Deutschland und ein paar mehr in Großbritannien.

Konstrukteur Chris Ingram wollte ein Regattaboot bauen, und ein solches ist es geworden: Der Rumpf alleine wiegt magere 75 kg, der Mast ist aus Carbon. »Viele Eigenschaften kommen vom Skiff«, sagt er – zum Beispiel das Rigg. Aber es hat keinen Skiffrumpf. Das bedeutet: Man kann mit dem Boot so exotische Manöver wie Wenden und Halsen durchführen, ohne dass es sich verstolpert.

Über Erfahrungen kann man im Moment erst wenig sagen, weil Ingram mit seinem Boot zu neu auf dem Markt ist. Soviel aber doch: »Die X ist einfach zu bedienen – aber kein Anfängerboot.«
Auf dem Baldeneysee in Essen zieht das XDinghy ohne große Mühe an einem Feld 420er vorbei, die 2-köpfige Crew hat sichtlich Spaß und den Umgang mit der leichten Schale trainiert. Ob das Boot für zwei oder drei Leute ausgelegt ist, ist noch nicht endgültig entschieden. Vielleicht hängt es auch von der Version ab: Die XO hat bei ansonsten gleichen Maßen einen kürzeren Mast als die X1. Sehr effektiv sei

Hinten offen: X1.

der Masttrimm. Bedingt dadurch, dass der Mast aus Carbon ist, habe die Cunningham eine enorme Wirkung auf die Biegung.
Wie gesagt, die Konstruktion ist neu, deswegen gibt es keine Gebrauchtboote. Neu kosten sie 15.000 Euro.

Name:	XDinghy
Version:	X0, X1
Kategorie:	Regattaboot
Crewstärke:	2–3
Crewgewicht optimal:	X0: 125–160 kg X1: 150–195 kg
Länge über Alles:	4,88 m
Breite über Alles:	1,70 m
Gewicht:	95 kg segelfertiges Gewicht
Tiefgang:	1,28 m
Segelfläche:	13,2 qm
Masthöhe:	X0: 6,62 m X1: 7,38 m
Takelungsart:	Slup
Klasse:	One Design
Internet:	http://www.x1riverboat.co.uk/
Besonderheiten:	Neuerscheinung

Der Baumniederholer sieht hier anders aus.

Zugvogel

Name:	Zugvogel
Kategorie:	Wanderboot Regattaboot
Crewstärke:	2
Länge über Alles:	5,80 m
Breite über Alles:	1,88 m
Gewicht:	230 kg
Tiefgang:	0,25–1,10 m
Segelfläche:	Touren: 15 qm Regatta: 18 qm
Masthöhe:	6,8 m
Takelungsart:	Sloop
Yardstickzahl:	109/107 abhängig vom Baujahr.
Klasse:	Nationale Einheitsklasse
Internet:	http://www.schwertzugvogel.org/

Es gibt eigentlich zwei Varianten, einen Schwertzugvogel und einen Kielzugvogel. Da das Sujet dieses Buches Schwertboote sind, steht hier der Schwertzugvogel im Interesse. Der ist ein feines Boot. Sie kaufen eins und haben zwei: ein Boot, das auf Regatten gerne gesehen ist, und eines, mit dem sich vorzüglich jollenwandern lässt.
Dass es das Boot gibt, ist der Zeitschrift »Yacht« zu verdanken. Die hatte die Konstruktion 1960 angestoßen. Seitdem wurden etwa 4.200 Zugvögel gebaut. Herausgekommen ist ein knapp sechs Meter langes Boot, das Jahrzehnte nach der Baunummer eins noch durch den Weltumsegler Wilfried Erdmann geadelt wurde. Der unternahm mit dem Boot genau das, was es kann: eine Jollenreise durch Deutschlands Binnengewässer und an Deutschlands Ostseeküste entlang (Schlei, die Ostsee

rund Rügen, die Boddengewässer und hinein über die Wasserstraßen ins Binnenland). Für den gebürtigen Pommern war es eine Momentaufnahme Deutschlands kurz nach der Wende. Man kann seiner Reise aber auch das Verdienst zuschreiben, das Wandersegeln auf der Jolle wieder ins Gespräch gebracht zu haben. Es braucht für einen erlebnisreichen Urlaub also nicht unbedingt einen schwimmenden Wohnwagen, ein Zugvogel tut es auch. Als Knickspanter liegt er grundsätzlich stabil im Wasser, er ist leicht zu segeln und trotzdem flott. Zum Jollenwandern schläft man unter der Persenning, nimmt ein Zelt mit oder plant die Abende so, dass man in der Nähe einer Pension unterkommt – je nach persönlichem Anspruch an die Unterkunft.

Wie fast alle anderen Bootstypen auch wird der Schwertzugvogel heute in GFK gebaut. Liebhaber finden aber noch Boote aus Holz auf dem Markt.

Neuboote kosten zwischen 16.000 und 18.000 Euro, ein gebrauchtes bekommen Sie zu einem Preis zwischen 5.000 und 10.000 Euro.

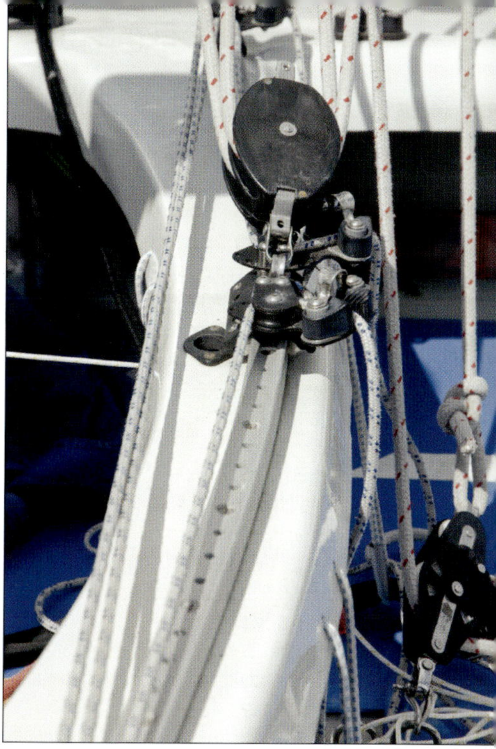

Ein Travellerbalken quer durchs Cockpit – gut für Regattafahrer, eher ein Hindernis für Wandersegler, die auf dem Boot auch übernachten wollen.

Ein gut trimmbares Fahrtenboot.

A-Cat

Zwei Kufen, ein Segler auf einer Rennmaschine. Der A-Cat gilt als das schnellste Einhandboot. »Bei gutem Wind kommt man schnell auf eine Kufe – das Gerät ist dann gut zu segeln«, sagt ein A-Cat-Segler. Und er fügt hinzu, dass man mit dem Boot gut in das Katamaransegeln einsteigen kann.
Der A-Cat ist eine Konstruktionsklasse, das heißt, es sind konstruktive Grenzen vorgegeben

Wenn man es kann, kann man es machen: Besichtigung der ufernahen Flora auf einer Kufe ...

wie etwa die Länge oder Breite und die Segelfläche. Innerhalb dieser Grenzen können sich die Konstrukteure austoben. Das führt gewöhnlich zu vielen Innovationen. Brauchbare Entwicklungen werden schnell von anderen übernommen – allerdings treibt die Freiheit auch die Preise, weil zum Beispiel Kohlfasermasten besser, aber nun mal entschieden teurer sind als Alumasten.
Wie bei allen Katamaranen gilt: Die Balanciererei auf den Kufen muss man üben – in seiner Liga gilt der A-Cat aber als leicht beherrschbar. Regattasegler finden in vielen europäischen Ländern große Startfelder für ihren Katamaran. Es gibt ein gutes Dutzend Hersteller dieses Bootstyps, und da sich Innovationen in der Szene schnell herumsprechen, sind die erfolgreichen Boote im Großen und Ganzen gleich ausgerüstet – trotz der Tatsache, dass die offene Konstruktionsklasse viele Variationen erlaubt.

Name:	A-Cat
Kategorie:	Regattakatamaran
Crewstärke:	1
Länge über Alles:	5,48 m
Breite über Alles:	2,30 m
Gewicht:	75 kg
Tiefgang:	nicht vorgegeben
Segelfläche:	13,94 qm
Masthöhe:	nicht vorgegeben
Takelungsart:	Cat
Yardstickzahl:	76
Klasse:	Konstruktionsklasse
Internet:	http://www.a-cat.info/

Der Preis für ein neues, regattafähiges Boot liegt bei ca. 25.000 Euro. Preise für Gebrauchte fangen bei etwa 3.000 Euro an und gehen bis 15.000. Wer in Regatten vorne mitmischen will, sollte beim Kauf von Gebrauchtbooten darauf achten, dass sie höchstens drei bis vier Jahre alt sind.

Regattasegler rollen ihre Segel, anstatt sie zu knüddeln.

Dart 18

Name:	Dart 18
Kategorie:	Regattaboot, Freizeitboot
Crewstärke:	2
Crewgewicht optimal:	140 kg
Länge über Alles:	5,48 m
Breite über Alles:	2,28 m
Gewicht:	134 kg
Segelfläche:	16,08 m
Masthöhe:	8,0 m
Takelungsart:	Slup
Yardstickzahl:	88
Klasse:	Internationale Einheitsklasse
Internet:	http://www.ddkv.de/

Ein einfaches, schnelles Boot ist die Dart 18, die Rodney March 1975 gezeichnet hat. Die One-Design-Klasse sorgt mit strengen Bauvorschriften dafür, dass es kein Wettrüsten mit teuren Materialien gibt. 9.000 Boote verteilen sich auf 16 Nationen. Die robuste Dart 18 ist flott einsatzbereit, unkompliziert zu segeln und langlebig. Man braucht zwanzig Minuten, um sie aufzubauen. Auf dem Wasser kommt man mit den zweckmäßigen Trimmmöglichkeiten gut zurecht und kann auch auf einem älteren Baujahr gut bei der Regatta mithalten. Damit bietet sich das Boot nicht nur für Regattasegler mit Erfahrung an, sondern auch für Katamaraneinsteiger, für Jugendliche und für Segler, die es nicht so sehr auf die Regattabahnen zieht. Umsteiger finden sich auf dem Boot schnell zurecht; man sieht das Boot auch recht häufig bei Segelschulen, die das Katamaransegeln anbieten. Zur Geschwindigkeitssteigerung kann man fünfzehneinhalb Quadratmeter Gennaker setzen – die sind bei Regatten aber nicht erlaubt.

Interessant ist, dass die Dart 18 keinen Großbaum hat und keine Schwerter; stattdessen sind Flossen an den Rümpfen angebracht, die sie in der Spur halten. »Das Boot läuft gut Höhe, die Segeleigenschaften sind exzellent. Es lässt sich sowohl bei wenig Wind als auch bei schwerem Wetter sehr gut manövrieren«, sagt Klaus von Weitershausen, Vorsitzender der Deutschen Dart-18-Klassenvereinigung, der das Boot auch als einhandtauglich befindet. Üben muss man vor allem das Aufrichten, wenn der Katamaran mal kentert, das gilt aber grundsätzlich für alle Zweirümpfer.

Wen es ins Wettkampfgeschehen zieht, der findet auf den 12 bis 15 Klassenregatten der Saison Felder zwischen 10 und 30 Booten vor, wobei man auch als Einhandsegler mitfahren kann, dann aber auf die Fock verzichten muss. Die Dart fährt man idealerweise mit 140 kg Gewicht, dabei steigt der Vorschoter ins Trapez. Das bedeutet, dass reine Frauencrews ebenso am Optimum segeln können wie gemischte Mannschaften.

Gebrauchte Boote findet man für etwa 2.000 bis 3.000 Euro, Neuboote kosten um die 12.800 Euro.

Foto: Klaus von Weitershausen/ Sharpie KV.

Formula 18

Formula 18 ist kein Bootstyp im engeren Sinne, sondern eine Regattaklasse. Mehrere Hersteller tummeln sich in diesem Feld und bauen Katamarane, die in die Formel passen. Diese wird begrenzt durch Vorgaben etwa für Länge, Breite, Segelfläche oder Gewicht. Alle Boote, die die Vorgaben einhalten (und dann immer noch ein Katamaran sind), dürfen sich mit dem Titel »Formula 18« schmücken. Das Verfahren nennt sich »Box rule«. Entsprechend findet man auf dem Markt für Formula-18-Boote verschiedene Designs.

Foto: Klassenvereinigung Formula 18/Heidi Hiester.

Name:	Formula 18
Kategorie:	Regattaklasse
Crewstärke:	2
Crewgewicht optimal:	150 kg
Länge über Alles:	5,50 m
Breite über Alles:	2,60 m
Gewicht:	180 kg
Segelfläche:	21 qm plus Gennaker
Takelungsart:	Slup
Klasse:	Grenzmaßklasse
Internet:	http://www.formula-18.de
Besonderheiten:	Verschiedene Designs der Boote sind normal.

Ziel der Klasse ist es, Sportkatamarane mit asymmetrischem Spinnaker und zwei Trapezeinrichtungen in anspruchsvollen Wettkämpfen gegeneinander antreten zu lassen. Im Gegensatz zu einer Yardstickregatta segeln die Boote vergütungslos gegeneinander: Wer als Erster über die Ziellinie kommt, hat auch gewonnen und wird nicht später wegen einer Verrechnungszahl weiter nach hinten durchgereicht. 250 bis 300 Boote, die in die Box rule passen, finden sich in Deutschland, die Gesamtzahl weltweit ist schwer zu schätzen. Die Klasse existiert seit Anfang der 1980er Jahre. Sie zeichnet sich durch recht viele Trimmeinrichtungen aus: Mastrotation, Cunningham, Wantenverstellung und Mastbiegung gehören dazu. Segler wie der Vorsitzende der Klassenvereinigung Jens Uwe Tonne schätzen an dem Zweikufer, dass er sportlich und wendig ist – und schnell. Bei raumem Wind kann man Geschwindigkeiten zwischen 40 und 45 km/h erreichen.

Wer in die Formula-18-Klasse einsteigen will, sollte schon Erfahrungen im sportlichen Segeln haben. Generell segeln sich Katamarane anders als Einrumpfer, und ebenso generell erfordert das erreichbare Tempo vom Segler eine gewisse Routine. Fährt man gegen irgendetwas, ist auch irgendetwas kaputt. Wer Erfahrung im Temposegeln hat, kann beruhigt auf das Boot steigen.

Regattasegeln ist ein Kann und bietet sich für das Boot auch an – es ist aber kein Muss. »Ich bin selbst sieben Jahre lang als reiner Freizeitsegler den F 18 gefahren««, so Tonne. Entscheidet man sich für das Wettkampfsegeln, dann wird man feststellen, dass in der Regel an die zehn voneinander abweichende Boote an der Startlinie stehen. Das Idealgewicht der Crew liegt bei 150 kg. Wiegt die Crew weniger, muss ein Teil mit Bleigewichten auf dem Boot ausgeglichen werden. Formula-18-Regatten findet man an der Ostsee von Kiel über Travemünde bis Scharbeutz. Weitere Hotspots sind das Steinhuder Meer, Schwerin, der Starnberger See, Bodensee oder Brombachsee.

»Bei normalen Regatten in Deutschland sind das dann Amateure«, sagt Tonne, »und auf einer WM segeln Sie mit Leuten, die sonst auch den America's Cup segeln.« Für ihn gehört es zum Reiz der Klasse, dass man mit entsprechendem Geschick auch Segellegenden der Welt abhängen kann, was sich wiederum auf dem Foto vom Kampf an der Luvtonne ganz gut macht …

Wer 3.000 Euro flüssig hat, kann ein gebrauchtes Boot der Klasse finden, die Preise für Neuboote liegen zwischen 20.000 und 23.000 Euro.

Hobie

Wenn ein Katamaran mit jauchzender 2-Mann-Crew auf einer Kufe durch Ihr Sichtfeld rast, ist die Wahrscheinlichkeit groß, dass es sich um einen Hobiecat handelt.
Hobiecat ist genaugenommen ein Sammelbegriff für eine ganze Flotte von Katamaranen und auch Trimaranen, die von der amerikanischen Werft Hobie hergestellt werden. Das Datenblatt bezieht sich auf den Hobie 16; größere oder kleinere Modelle haben entsprechend andere Maße und Daten. Die Flotte umfasst Boote von 14 bis 21 Fuß Länge. Mit der häufigste Typ ist der Hobie 16.

Name:	Hobie 16
Kategorie:	Sport- und Regattakatamaran
Crewstärke:	Regatta 2, sonst 1–4
Crewgewicht optimal:	130–160 kg, max. 220 kg
Länge über Alles:	5,04 m
Breite über Alles:	2,41 m
Gewicht:	145 kg
Tiefgang:	0,25 m
Segelfläche:	18,89 qm
Masthöhe:	8,07 m
Takelungsart:	Slup
Yardstickzahl:	88
Klasse:	Internationale Klasse
Internet:	raumschots.de
Besonderheiten:	Boot existiert in mehreren Varianten.

Das Bild zeigt einen Hobie Pacific etwa drei Sekunden vor dem Kentern.

Allen gemeinsam ist, dass es sich um sportlich ausgelegte Flitzer handelt, die man aus reiner Freude am Tempo segelt oder aber auf Regatten. Da alleine vom Hobie 16 rund 135.000 Stück gebaut wurden, findet man in seiner Umgebung meist auch Regattagegner. Für einen neuen Hobie 16 zahlt man in der Regattaversion um die 13.000 Euro.
Generell ist ein Katamaran anders zu segeln als ein Einrumpfboot, und man sollte schon einiges an Jollenerfahrung mitbringen, wenn man die Runde auf einem Katamaran bei gutem Wind ohne Kenterung überstehen will. Wer mit Warp 2 unterwegs ist, muss schnell reagieren können. Das Segeln auf einer Kufe sieht spektakulär aus (und fühlt sich auch so an) und verlangt Einiges an seglerischem Feingefühl. Dazu kommt, dass man trainieren muss, einen Katamaran nach einer Kenterung wieder aufzurichten, falls das Gefühl dann doch mal nicht gestimmt hat.
Anders als bei Einrumpfjollen kann man mit dem Katamaran schnell einen »Stecker« fahren. Das Wort beschreibt, dass die Leekufe bei vol-

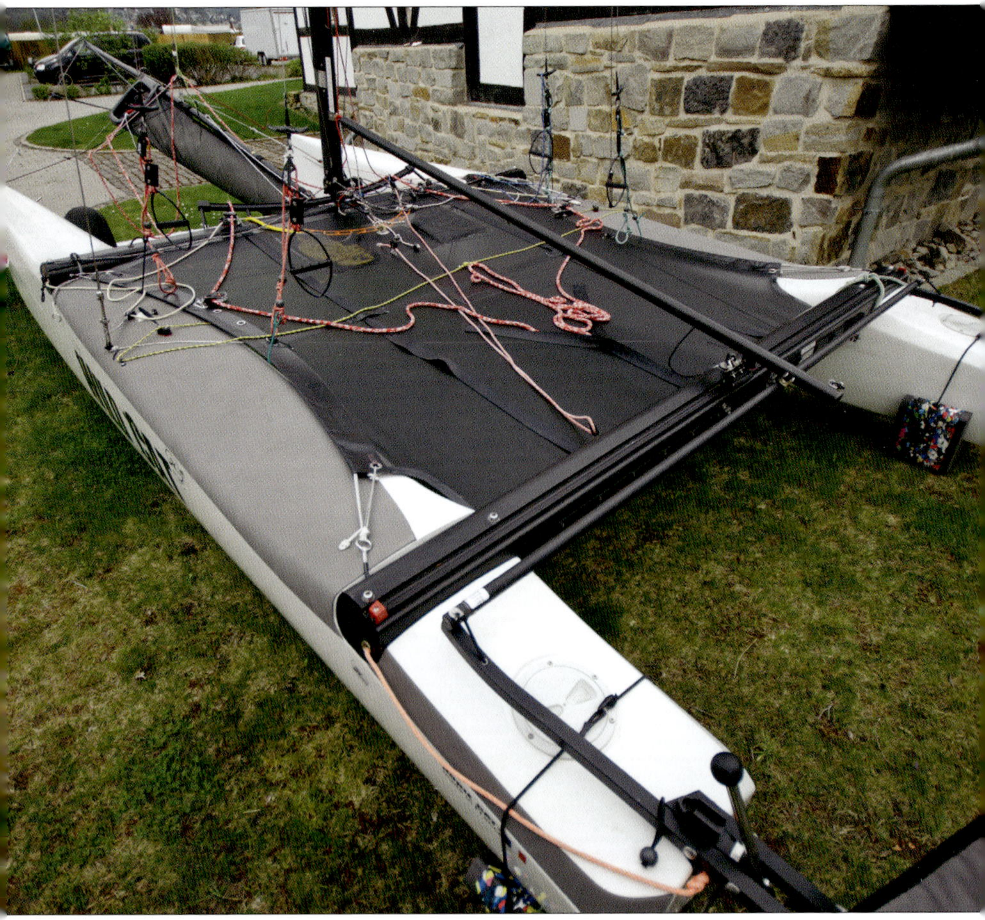

Hobiecat ganz friedlich.

ler Fahrt in einer Welle steckenbleibt und unterschneidet – der Kat stolpert über seine Kufe. Die folgende Mischung aus Purzelbaum und Kenterung sieht dann mindestens ebenso spektakulär aus wie der vorhergehende Tiefflug. Wenn man sich aber umsichtig an seine Eigenheiten herangetastet hat, segelt man mit dem Hobie Cat ein vorzügliches Spaßgerät mit hohem Geschwindigkeitspotenzial.

Der Turbo für den Katamaran.

Da braut sich was zusammen. Spinnaker oder Gennaker in Lauerstellung.

Topcat K1 bis K4

Topcat ist eine Reihe von Katamaranen, die allesamt ohne Schwert ihre Bahnen ziehen. Bei der Konstruktion dieser Boote wurde bereits beachtet, dass sie trailerbar sind. Deswegen sind zum Beispiel die Masten aller vier Modelle optional in zwei Teile teilbar. Der erste Topcat kam 1977 auf den Markt. Der Aufbau kommt Regattaseglern dadurch entgegen, dass er ohne Schrauben geschieht: Alle wesentlichen abbaubaren Teile werden einfach zusammengesteckt. Die Modelle bezeichnet die Herstellerfirma mit K1 bis K4, wobei K4 der kleinste und K1 der größte Katamaran ist.

Als sportlich ausgelegte Katamarane sind für sie neben Fock und Großsegel auch Reacher zu bekommen. Das sind Halb- bis Raumwindsegel, die die Gesamtsegelfläche in etwa verdoppeln und das Tempo enorm steigern.

Die Topcats bieten sich sowohl für Katamaraneinsteiger als auch für Regattaroutiniers an. Entsprechend sind die einzelnen Modelle noch einmal als »Classic-«, »Streamcut-« und »Regatta-« oder »Reacher-«Versionen zu bekommen.

Die One-Design-Boote kennen keine Materialunterschiede, somit entscheidet das seglerische Können über das Regattaergebnis.

Name:	Topcat K1
Kategorie:	Regattakatamaran
Crewstärke:	2 bis 4
Länge über Alles:	5,50 m
Breite über Alles:	2,50 m
Gewicht:	175 kg
Segelfläche:	18,9–22,1 qm
Masthöhe:	9,15 m
Takelungsart:	Slup
Yardstickzahl:	82
Klasse:	One Design
Internet:	http://www.topcat.de

Name:	Topcat K2
Kategorie:	Freizeitkatamaran, Regattakatamaran
Crewstärke:	1–4
Länge über Alles:	5,17 m
Breite über Alles:	2,44 m
Gewicht:	160 kg
Segelfläche:	17,7–20,1 qm
Masthöhe:	8,20 m
Takelungsart:	Slup
Yardstickzahl:	85
Klasse:	One Design

Ein Topcat K3 kann alleine gesegelt oder mit 3 Seglern besetzt werden.

Name:	Topcat K3
Kategorie:	Freizeitkatamaran, Regattakatamaran
Crewstärke:	1–3
Länge über Alles:	4,92 m
Breite über Alles:	2,21 m
Gewicht:	130 kg
Segelfläche:	16,2 qm
Masthöhe:	7,60 m
Takelungsart:	Slup
Klasse:	One Design
Internet:	http://www.topcat.de

Die Topcat-Klassenvereinigung hat rund 1.000 Mitglieder und segelt interne Meisterschaften aus. Außerdem ist der Topcat K1 von der ISAF

Name:	Topcat K4
Crewstärke:	1–3
Länge über Alles:	4,50 m
Breite über Alles:	2,21 m
Gewicht:	115 kg
Segelfläche:	13,5–15,6 qm
Masthöhe:	7,0 m
Takelungsart:	Slup
Klasse:	One Design
Internet:	http://www.topcat.de

(International Sailing Federation) anerkannt. Je nach Modell und Ausführung kostet der günstigste kleine Topcat K4 knapp unter 10.000 Euro, der größte K1 in der Regattaversion 17.000 Euro.

Tornado

Die Klassenvereinigung nimmt für den Tornado in Anspruch, dass er der schnellste unter den Serienkatamaranen ist – und damit ein Rennfahrzeug für erfahrene Segler. Die Spitzengeschwindigkeit liegt bei etwa 50 km/h unter Gennaker.
Das hat eine gewisse Logik, wenn man die Geschichte des Tornados betrachtet: Mitglieder der Autodynastie Porsche haben die 1967 in England entwickelten Boote nach Deutschland gebracht. »Der Tornado ist wie der 911er Porsche: ein Klassiker, der zu jeder Zeit seinen Reiz gehabt hat«, sagt Jürgen Jentsch, Präsident der International Tornado Association. 5.000 Boote sind auf den Gewässern der Welt unterwegs – darunter auch reine Freizeitsegler, die sich, so Jentsch, »freuen, dass man bei zwei Windstärken schon abhebt.«
Veit Hemmeter ist Deutscher Tornadomeister und schätzt am Tornado, dass er »bei einer großen Windspanne schnell und sicher gesegelt werden kann«. Sogar bei 26 Knoten Wind – das ist immerhin Stärke 6 – lasse sich der Tornado noch gut handhaben. Katamarananfänger sollten den Tornado allerdings besser erst besteigen, wenn Ihnen Routiniers anfangs zur Seite stehen können.
Die Engländer Rodney March, Terry Pierce und Sir Reginald White entwarfen das Boot, das von vornherein für die Olympiabahnen geplant war. Seitdem hat sich der Tornado praktisch auf der ganzen segelnden Welt verbreitet, alleine in Deutschland hat er 1.200 bekennende Fans.
Die in der Tabelle aufgeführte Segelfläche berücksichtigt nur Groß- und Vorsegel; damit ist die Tornadoversion »Classic« beschrieben. Wer mag, setzt den 25 qm großen Gennaker dazu. Seit dem Jahr 2001 gibt es den Tornado in der Ausführung »olympisch« mit vergrößertem Großsegel und einer Selbstwendefock, Doppeltrapez und Gennaker.
Insgesamt 32 Jahre war er Olympische Klasse, hat diesen Status aber nach den Olympischen

Foto: Martina Barnetova.

Spielen in Peking 2008 verloren. Das führte auch zu einer Umorientierung in der nationalen Klassenvereinigung, die den Regattakalender so zusammengestrichen hat, dass Hobbysportler das Saisonprogramm zeitlich schaffen können. »Wir haben uns vom reinen Profitum wegentwickelt. Viele Tornados werden von semiprofessionellen Weekendern auf Regatten gesegelt«, meint Jürgen Jentsch. So kommen Felder zusammen, die etwa 25 bis 35 Boote stark sind. Zudem achte man darauf, dass die Austragungsorte der Regatten auch ein interessantes Umfeld bieten.

Der Tornado ist vor allem in Deutschland, Österreich, der Schweiz, in England, Australien, Neuseeland, Frankreich, Tschechien, Frankreich, Italien, den Niederlanden, Belgien, Spanien und Kanada mit Hotspots vertreten.

Die Szene der schnellen Kisten ist offen gegenüber neuen Seglern: Erstens findet man Segler vom Jugendbereich bis zu Achtzigjährigen, zweitens sei gerade ein guter Zeitpunkt in die Tornadoklasse einzusteigen, denn die an sich nicht billigen Boote seien derzeit günstig zu bekommen.

Die Preise für gebrauchte Tornados beginnen bei 3.000 Euro, die damit für jede Clubregatta gut sind. Höherwertige Gebrauchte kosten zwischen 15.000 und 20.000 Euro, neue um die 27.000 Euro.

Name:	Tornado
Kategorie:	Katamaran
Crewstärke:	2
Crewgewicht optimal:	140–150 kg
Länge über Alles:	6,10 m
Breite über Alles:	3,08 m
Gewicht:	165 kg
Tiefgang:	0,17–0,76 m
Segelfläche:	21 qm
Masthöhe:	9,80 m
Takelungsart:	Slup
Yardstickzahl:	77, 74
Klasse:	Internationale Einheitsklasse
Internet:	http://www.fly-tornado.de http://www.tornado-class.org

Tornados bei einer Regatta. Foto: Martina Barnetova.

Jollenkreuzer sind im Grunde Jollen mit einem Dach drauf. Soll heißen: Die grundsätzlichen Eigenschaften einer Jolle sind erhalten geblieben. Der Jollenkreuzer kentert deswegen nicht so schnell, weil die Bauform dem Kentern aktiven Widerstand entgegensetzt; das nennt sich im Fachjargon »formstabil«. Jollenkreuzer (mit Ausnahmen, etwa der FAM) haben ein Schwert. Aber sie können kentern – und sind dann nicht mehr ohne Weiteres in ihre normale Lage zu drehen.

Was bei Jollenkreuzern hinzukommt, ist der Kajütaufbau. Sie sind – mehr oder weniger – bewohnbar. In einen Lis-Jollenkreuzer kann man sich bei schlechtem Wetter hineinsetzen, auch eine Fam hat eine kleine Schlupfkajüte, und ich kenne Leute, die mit so einem Zwerg zu zweit durch die dänische Südsee kurven oder rund Rügen segeln. Das ist vom Standpunkt eines Dickschiffseglers gesehen ein ambitioniertes Unterfangen, aber es ist machbar – vorausgesetzt, man weiß, was man sich und seinem Boot zutrauen kann.

Noch besser bewohnbar sind die 15er-Jollenkreuzer älterer Bauart. Auf einer zweiwöchigen Fahrt kann man es in ihnen ganz gut aushalten, muss aber Kompromisse eingehen. Ich habe einige Jahre lang einen 15er-Jollenkreuzer gesegelt und die Segelei darauf immer gemocht. Er hält gelenkig, und das weniger beim Segeln als vielmehr morgens und abends, wenn man im Boot herumkrabbelt, um Schlafsäcke ein- oder auszupacken und zurechtzulegen. Die Innenräume sehen bei Fahrtenjollis sehr gemütlich aus, haben aber auch etwas von einer Puppenstube. Im Hafen haben wir uns meistens sehr gefreut, wenn wir ein bewohntes Boot gesehen haben, das noch kleiner war als unseres ...

Demgegenüber stehen Jollenkreuzer der 15er- und 20er-Klasse, die sich im Laufe der Jahrzehnte zu reinen Rennmaschinen fortentwickelt haben. Da gibt es feinste Sperrholzbauen mit edlem Tuch am Rigg, und deren Besatzungen fahren zum Spaß auch mal Kreise um »Bleitransporter«, wie Kielschiffe von den Jolliseglern mit leichtem Spott genannt werden.

FAM

Über die FAM kann man streiten. Wer den knubbeligen GFK-Jollenkreuzer nicht mag, kann einwenden: für ein Schiff viel zu klein und für eine Jolle zu sehr eine Wuchtbrumme. Stimmt. Zu langsam bei wenig Wind, zu wenige Trimmmöglichkeiten. Jo, das ist so.
Wer sie mag (und es gibt 2.500, die das Boot gekauft haben) sagt: ein kleines, zweckmäßiges Schiffchen, das ohne Probleme auch mit einem kleinen Auto trailerbar ist. Mit kleiner Kajüte, die zwei Schläfer beherbergen kann. Geeignet zum gemütlichen Dümpeln am heimatlichen See, kann es gleichwohl eine Menge wegstecken. Und zwar wirklich eine Menge: mit knapp 90-kg-Ballastschwert ist das einfach geriggte und mit praktisch null Trimmleinen versehene Boot ausgesprochen belastbar. Es gibt ein Buch von zwei jungen Burschen, die mit der FAM die dänische Südsee durchpflügt haben, und ein Bekannter von mir hat sie immerhin rund Rügen gesegelt – wobei er 6 Bft gegenan mit dem Boot als »keineswegs im roten Bereich« einschätzte. Das ist allerdings keine Übung für Anfänger!
Mit einem 4–6-PS-Außenbordmotor ist die FAM wanderfertig und dabei unkompliziert zu segeln.
1969 kam die erste FAM von der Firma Klepper auf den Markt; seit den 1980er Jahren wird sie von Gruben-Bootsbau gebaut. Die Änderungen in den Bauausführungen sind überschaubar: Die Fenster wurden geändert (mal Doppel-, mal Einfachfenster), später kam eine Backskiste ins Cockpit. Die Mechanik der Schwertkurbel wurde umkonstruiert, die Masten sind mal mit Salingen und mal ohne zu sehen. Entsprechend gibt es ein Wantenpaar oder zwei.
Dem Zeitgeist der 1970er Jahre entsprechend wurde die Fam gerne mit orange- oder gelbfarbenem Rumpf ausgeliefert, heute ist sie weiß. Einen Nachteil hat sie vor allem, wenn man sie als Wanderboot nutzen will: Der Schotteingang ist aus ergonomischen Gründen schräg – das sorgt aber auch dafür, dass es bei Regen schnell in die Kajüte hineintropft. Hier empfiehlt sich eine Schutzkappe aus Persenningstoff, die man sich anfertigen lassen kann.

Da sie ein sehr sicheres und gutmütiges Boot ist, kann sie Anfängern empfohlen werden, und auch als Schulboot ist sie tauglich (wenngleich selten).
Wer eine FAM in die engere Wahl nimmt, kann noch eines auf der Habenseite verbuchen: eine sehr lebendige Klassenvereinigung, deren Segler sich zum Beispiel regelmäßig mit ihren Booten in den Niederlanden auf dem Heeger Meer treffen.
Dabei kann man auch beobachten, was man aus der FAM alles machen kann; es gibt Eigner, die segeln sie nahezu im Originalzustand, andere haben umfangreiche Umbauten vorgenommen und zum Beispiel die im Urzustand lieblos-nackte kleine Kajüte in einen gemütlichen Unterschlupf verwandelt. Ein Bug und eventuell ein Heckkorb stehen dem Seezwerg ausgesprochen gut und sorgen dafür, dass man auch noch eine Seereling anbringen kann.

Name:	FAM
Kategorie:	Jollenkreuzer, Wanderboot, als Familienboot geeignet
Crewstärke:	2–5
Länge über Alles:	5,4 m
Breite über Alles:	2,05 m
Gewicht:	450 kg
Tiefgang:	0,13–0,92 m
Segelfläche:	15,5 qm
Masthöhe:	8,00 m
Takelungsart:	Slup
Yardstickzahl:	121
Klasse:	Jollenkreuzer
Internet:	http://www.fam-kv.de/www/

Gebrauchte FAMs sind denn im Preis auch sehr gespreizt: Sie können eine für etwa 1.000 Euro bekommen, aber auch für 7.000 oder 8.000. Neupreise können Sie bei gruben.de erfragen.

Ein kleines Schmuckstück mit Bug- und Heckkorb sowie Seereling.

Was man aus dem Urzustand von nacktem GFK alles machen kann, sieht man hier: nach Ansicht des Fachmagazins »Segeln« die »schönste FAM Deutschlands«. Eigner Willi Henke hat alles selbst gebaut.

Kajütrügenjolle

In den flachen Küsten- und Boddengewässern in Ostdeutschland gibt es eine reiche Tradition an Jollenkreuzern. Neben Werften wie zum Beispiel Eikboom in Rostock gab es auch viele Privatleute, die sich nach vorhandenen Rissen ihren Jollenkreuzer selbst zusammen»tupferten« – so nannte man in der DDR die mühevolle Arbeit mit Glasfaser und Harz. Die Selbstbauten verfügten oft über eine erstaunliche Bauqualität, außerdem entstand auf diese Weise eine große Vielfalt an Jollenkreuzern. Die agilen Segeleigenschaften einer Jolle verbunden mit einer bewohnbaren Kajüte, die ausgebaute Schlafmöglichkeiten bietet, eignen sich einfach, um dort gut zu segeln.

Die Kajütrügenjolle ist gemessen an anderen Wanderjollenkreuzern ein relativ junger Entwurf. 1995 brachte Konstrukteur Georg Nissen mit dem Designer Reinhard Otto Kranz und der Werft Wiek seine Idee eines familientauglichen Jollenkreuzers in eine Form.

Die Linien des Bootes sind angenehm knuffig-kompakt. Das ist keine Selbstverständlichkeit auf einem kleinen Kreuzer, auf dem Segeleigenschaften, äußeres Erscheinungsbild und Wohnwert gegeneinander ausbalanciert werden müssen. Dem ein oder anderen älteren Westsegler

Foto: Wieker Boote GmbH.

könnte der Riss übrigens bekannt vorkommen: Die Kajütrügenjolle war unter dem Namen »Ascan« ein DDR-Exportartikel.
Um an der Ostseeküste ein Boot zu segeln, das letztlich eine Jolle und damit kenterbar ist, müssen die Bootsbauer Reserven an Sicherheit einbauen. Die Kajütrügenjolle ist entsprechend ausgelegt: 400 l Auftrieb sorgen für Unsinkbarkeit, das Boot selbst ist steif und segelt trocken in der kurzen, manchmal auch ruppigen Ostseewelle.
Es ist von Haus aus mit einer Rollfock ausgestattet und bietet innen zwei vollwertige Schlafplätze. Das Boot kann für Tagestörns bis zu 5 Passagiere aufnehmen. Wer auf einem Boot Urlaub machen will, sollte generell nicht nur die Quadratmeter Liegefläche zählen, sondern immer auch den benötigten Platz für das Gepäck mit einplanen: Je mehr Stauraum vorhanden ist, desto weniger muss man zwischendurch umpacken, um das Boot von schlaffertig auf segelklar umzustellen.
Bei aller bootsbauerischen Raffinesse ist ein Jollenkreuzer letztlich immer noch ein kleines Boot. Wer sich dafür interessiert, sollte intensiv über die Anschaffung einer Kuchenbude nachdenken. Eine solche zeltartige Persenning erhöht den Wohnkomfort enorm. Für längere Wanderfahrten würde ich zwei Personen mit Gepäck und maximal noch ein Kind empfehlen. Ein solcher Jollenkreuzer ist also im passenden Revier ein gutes Boot für die Kleinfamilie.

Name:	Kajütrügenjolle
Kategorie:	Jollenkreuzer, Freizeit- und Wanderboot
Crewstärke:	2–5
Crewgewicht optimal:	475 kg
Länge über Alles:	5,10 m
Breite über Alles:	2,06 m
Gewicht:	330 kg
Tiefgang:	0,18–1,18 m
Segelfläche:	14,20 qm
Masthöhe:	7,75 m
Takelungsart:	Slup
Internet:	http://www.wiekerboote.de

Eine Kuchenbude erhöht auf kleinen Booten den Wohnwert enorm. Foto: Wieker Boote GmbH.

Lis-Jollenkreuzer

Dass der Lis-Jollenkreuzer elegante Linien hat, kann man ihm nicht unbedingt nachsagen. Eher schon, dass man hier die Definition eines Jollenkreuzers gut erkennen kann: eine Jolle mit Dach drauf. Denn die eigentlich dachlose Lis-Jolle (siehe S. 83) ist die Grundversion dieses Bootes. Dabei hat der GFK-Jollenkreuzer Vorzüge, die ihn für Bootswanderer interessant machen: ein wirklich bewohnbarer Wohnraum auf 5 m Länge, den zwei Erwachsene zu einer Liegewiese für die Nacht umfunktionieren können, und ein gutmütiges Segelverhalten.
Wenn man ein kleines Boot mit einer vollwertigen Kajüte versehen will, wird es für den Designer schwierig: Erwachsene Menschen lassen sich nicht beliebig schrumpfen, von daher gibt es eine Mindestgröße, die in den Rumpf integriert werden muss. Man kann das Designproblem an ähnlich ausgelegten Booten wie der FAM studieren: Da ist der Wohnraum zugunsten der Linie und des Cockpits noch etwas kleiner ausgefallen – obwohl die FAM noch ein paar Zentimeter mehr an Länge hat.
Die Lis-Kajüte ist 1,10 m hoch, und das sollte sie auch sein, wenn man einigermaßen bequem darin sitzen will. Um Wanderfahrten zu ermöglichen, haben die Konstrukteure zudem 160 l Stauraum vorgesehen.
Dazu ist der Lis-Jollenkreuzer ein stabiles, anfängerfreundliches Boot, das trotzdem noch ins Gleiten kommen kann. Wer es noch stabiler

mag, kann sich für die »Family«-Version mit Ballast entscheiden: Dabei wird das Schwert um 35 kg gewichtiger. Die Firma Gadebootsbau in Aachen hat bei der »Family« die Maximalmaße für den Wohnraum noch ein wenig weiter ausgereizt, das bedeutet: Der Rumpf ist ein paar Zentimeter breiter, die Kajüte ein paar Zentimeter länger.

In der vergleichenden Bewertung sind der Lis-Jollenkreuzer und seine »Family«-Schwester also ehrliche Boote, bei denen man sich im Zweifel für die Zweckmäßigkeit entschieden hat – und das spricht für sie.

Alleine vom Lis-Jollenkreuzer sind 1.500 Boot gebaut worden, damit besteht für den Lis-Segler auch die Chance, eine Verbandsregatta mitzusegeln. Einen Schwerpunkt der Lis kann man in NRW ausmachen.

Name:	Lis-Jollenkreuzer
Kategorie:	Freizeit- und Wanderboot
Crewstärke:	2–3
Länge über Alles:	5,0 m
Breite über Alles:	1,72 m
Gewicht:	190 kg, 220 kg mit Ballast
Tiefgang:	0,30–1,20 m
Segelfläche:	13 qm
Masthöhe:	6,82 m
Takelungsart:	Slup
Yardstickzahl:	119
Internet:	http://www.lis-klasse.de
Besonderheiten:	Verbandsklasse

Der Lis-Jollenkreuzer frisst neu ein 10.000 Euro großes Loch in die Geldbörse. Gebraucht kostet der Jollenkreuzer mit Glück knapp unter 2.000 Euro.

Kleines Boot, große Kajüte: Der kastenförmige Aufbau ist zwangsläufig.

P-Boot/15er-Jollenkreuzer

Bei kaum einem anderen Boot unterscheiden sich die Versionen für Regatten und für Fahrten so frappant wie beim P-Boot (oder auch: 15er-Jollenkreuzer). Die Zahl 15 bezeichnet bei ihnen nicht die Länge in Fuß, sondern die Segelfläche in Quadratmetern. Allerdings misst man bei den Jollenkreuzern nur die Segelfläche in der Silhouette – überlappende Teile der Genua fallen also praktisch aus der Wertung. 15er-Jollenkreuzer gibt es in Leistenbauweise aus Holz, formverleimt aus Mahagoni, aus GFK mit Holzaufbau sowie als Voll-GFK-Ausführungen.

Die Regattaboote meist neueren Baudatums kann man getrost als sensible Rennzicken bezeichnen. Die Fahrtenboote haben in sich noch einmal eine große Varianz, da es ver-

schiedene Risse gibt. Viele von ihnen sind gutmütige Wanderboote, die für geschützte Binnengewässer ausgelegt sind.
P-Boote sind eine Konstruktionsklasse – innerhalb von Rahmenbedingungen wie Maximallänge und -breite konnten und können sich die Konstrukteure also allerlei Freiheiten herausnehmen. Außerdem wurde auch das eine oder andere P-Boot in der DDR selbst »getupfert«; so nannte man es, wenn man in langer und liebevoller Arbeit nach kopierten Plänen einen Eigenbau anfertigte. Es gab aber auch mehrere Werften, die P-Poote herstellten.
Die Boote sind 6,5 m lang, ihre Breite schwankt. Der Baustoff: GFK, Holz. Allen gemeinsam ist ein Schwert – und deswegen sind es letztlich auch Jollen. Das heißt, sie sind leicht und ausgesprochen wendig. Den Wanderbooten kommt ihre Jollencharakteristik auch bei etwas ruppigem Wasser durchaus entgegen, da sie auf der Welle schwimmen wie ein Korken.

P-Boot in der Regattaausführung.

Gemütlich geht auch: Ein Fahrtenjollenkreuzer, 1971 bei Eikboom in Rostock gebaut.

Einen (Wander-)Jollenkreuzer habe ich lange Jahre gesegelt – und immer geschätzt. Wer einen Jolli artgerecht halten will, fährt ihn etwa auf den ostdeutschen Seen und Boddengewässern oder in geschützten Fjorden wie der Flensburger Förde oder der Schlei.
Das Innere ist eine vollwertige Kajüte mit Pantry, Schlafgelegenheit für zwei Personen und Schränkchen für Segelzeug. Allerdings ist alles ein wenig klein geraten; es wird gerne als Puppenstube bezeichnet – und das trifft es ziemlich genau.
Dass eher die älteren Baujahre mit klassischen Linien zum Wandern genutzt werden und man eher die neueren auf Regatten sieht, erklärt sich ganz gut durch die geänderten Ansprüche. In den 1970er- und 80er Jahren war es völlig o.k., mit einer 5-köpfigen Familie auf sechseinhalb Metern Boot Urlaub zu machen. Heute chartert der Familienskipper für den gleichen Zweck eine Bavaria von doppelter Länge ... also blieb das Regattasegeln für Werften, die einen 15er anbieten wollen, die vernünftige Marktnische.
P-Boot-Regattasegler findet man fast überall in Deutschland, in konzentrierter Form um die Berliner und Brandenburger Gewässer. Sie bestücken ihre schnittigen Boote mit 50-qm-Spinnakern und bieten dann ein spektakuläres Bild, wenn sie über das Regattafeld jagen.
P-Boot-Segler sind eine eingeschworene Gemeinschaft, die einen kumpelhaften Umgangston pflegt. Die Preise für Gebrauchtboote sind höchst unterschiedlich – Scheunenfunde für den Preis von ein paar Hundert Euro werden aufwendig saniert werden müssen. Ein neues Regattaboot hat etwa den Wert eines Mittelklasseautos.

Name:	P-Boot, 15er Jollenkreuzer
Kategorie:	Regattaboot, Wanderboot
Crewstärke:	2
Länge über Alles:	6,50 m
Breite über Alles:	max 2,50 m
Gewicht:	Regatta: 485 kg (ältere Risse wiegen teils deutlich mehr)
Tiefgang:	0,15–1,60 m
Segelfläche:	15 qm (wird in der Silhouette gemessen)
Masthöhe:	7,50 m
Takelungsart:	Slup
Yardstickzahl:	Regatta: 101 Fahrten: 109
Klasse:	Konstruktionsklasse
Internet:	http://www.p-boot.de

Regattajolli am Ende der Amwindstrecke.

R-Boot/20er-Jollenkreuzer

Wie beim 15er-Jollenkreuzer gilt auch hier: Die Zahl 20 bezeichnet nicht, wie sonst häufig, die Bootslänge in Fuß, sondern die Segelfläche, und zwar als Schattenriss. Tatsächlich kann das Boot also deutlich mehr als 20 qm Segel tragen. 20er-Jollenkreuzer gibt es schon seit Anfang des vorigen Jahrhunderts – auch wenn sie zu der Zeit noch nicht so genannt wurden. Etwa in den 1920er Jahren schälte sich aus vorhanden Booten, die man »Ausgleicher« nannte, eine Definition heraus, die zur Klassendefinition wuchs.

Wer heute von einem 20er-Jollenkreuzer spricht, kann sehr unterschiedliche Boote meinen: aus Vollholz, aus formverleimtem Holz, aus Kunststoff oder aus Stahl. Zudem gibt es etliche Eigenbauten, die mal genau, mal frei nach vorhandenen Rissen entstanden sind. Es soll sogar Bootsbauer gegeben haben, die einen 20er ohne Plan aus dem Gedächtnis gebaut haben. Wer sich also für einen 20er-Jollenkreuzer entscheidet, entscheidet sich häufig für ein Unikum oder zumindest für ein Boot, von dem es nicht viele gleiche gibt. Ursprünglich wurden sie als Binnenboote entworfen. Als solche haben sie in puncto Raumangebot die Qualität von Yachten: Um die 7,75 m lang, kann man schon sehr kommod auf ihnen reisen. Bekannt und beliebt waren

Name:	R-Boot, 20er-Jollenkreuzer
Kategorie:	Freizeitboot, Regattaboot
Crewstärke:	1–5
Länge über Alles:	max. 7,75 m
Breite über Alles:	max. 2,50 m
Gewicht:	min. 730 kg
Tiefgang:	ca. 0,20 – ca. 125 m
Segelfläche:	20 qm
Takelungsart:	Slup
Yardstickzahl:	unterschiedlich
Internet:	http://www.20er-jollenkreuzer.org
Besonderheiten:	Es gibt sehr unterschiedliche Boote.

und sind sie auf den Berliner Gewässern und den Boddengewässern. Das ist logisch: Mit ihrem aufholbarem Schwert können sie sehr flache Bereiche anlaufen. Auch weiter draußen auf der Ostsee findet man immer mal wieder einen Jollenkreuzer. Das kann der behäbige, aber stabile Stahlbau sein oder der leichtfüßige formverleimte Regattabau. Die Geschichte dieser Klasse ist ein eigenes Buch wert, zumal auch bei diesen Booten viele Segler aus der ehemaligen DDR in privater Initiative mit Eigenbauten ein beachtliches Kapitel beizutragen haben.
Die Vielfalt macht es aber auch schwer, sie zusammenfassend zu beschreiben. Preise sind ebenso schwer anzugeben. Sie bekommen ein Restaurationsobjekt als Scheunenfund für ein paar Hundert Euro hinterhergeworfen, ebenso können Sie ein erstklassig restauriertes Boot im Wert von mehreren 10.000 Euro bei einem Liebhaber erwerben – allerdings trennen die sich in der Regel nicht gerne von ihren Schätzen.

Es werden zwar Regatten mit dem 20er-Jollenkreuzer gesegelt, aber in der Auslegung ist er doch eher ein Wander- und Reiseboot und empfehlenswert für Leute, denen es ein Anliegen ist, eine altehrwürdige Bootsklasse zu erhalten. Sie würden sich dabei in guter Gesellschaft befinden: Einer der berühmtesten 20er-Eigner war Albert Einstein, sein Boot hieß »Tümmler«.

Ein klasse hergerichteter alter 20er-Jollenkreuzer in der Nähe von Hamburg: gemütlich, geräumig, fahrtentauglich.

S-Kreuzer/16er-Jollenkreuzer

Name:	S-Kreuzer, 16er-Jollenkreuzer
Kategorie:	Regattaboot, Fahrtenboot
Crewstärke:	2
Länge über Alles:	7,00 m
Breite über Alles:	min. 2,20 m
Gewicht:	min. 500 kg
Tiefgang:	0,20–1,40 m
Segelfläche:	16 qm
Takelungsart:	Slup
Yardstickzahl:	Rennkreuzer: 104 Tourenkreuzer: 109
Klasse:	Konstruktionsklasse
Internet:	http://s-kreuzer.de/
Besonderheiten:	gut als Wanderboot geeignet

Einmal mehr hat sich die Zeitschrift »Yacht« um eine Bootsklasse verdient gemacht: Der 16er-Jollenkreuzer (S-Boot) ging aus einem Konstruktionswettbewerb des Magazins hervor und wurde in Sperrholz aufgelegt.

Ein kurzer Hinweis zum Thema Sperrholz: Bootsbausperrholz ist ein hochwertiges Baumaterial und nicht zu vergleichen mit dem von Möbelkäufern oft und falsch als »Sperrholz« bezeichneten Material aus verleimten und gepressten Spänen. Es ermöglicht eine leichte, stabile und dichte Bauweise.

Das ansprechend gestaltete Kajütboot ist ein Knickspanter und steht damit im Gegensatz zu den meisten etwas kleineren P-Booten. Die Bauidee war die eines Wanderbootes. »Auf dem Boot kann man wohnen«, sagt 16er-Segler Martin Offergeld. Er unternimmt mit seiner

Ein 16er Jollenkreuzer ist eindeutig auch etwas fürs Auge ...

»Mon Cheri« Fahrten zu den ostfriesischen Inseln – und zwar mit zwei Erwachsenen und zwei Kindern. Dazu gehört dann aber auch eine Kuchenbude; »die ist im Grunde ein Muss«, da sie den Lebensraum an Bord glatt verdoppelt. Im Wohnwert sieht er denn auch den Vorteil gegenüber den P-Booten: »Auf den 15er-Regattabooten laufen nur noch Fallen durch die Kajüte. Bei uns müssen die Kojen eine Mindestlänge von 2 Metern haben, die Kajüthöhe liegt bei 1,20 m.«

16er sind praktisch eine rein westdeutsche Angelegenheit, Schwerpunkte findet man auf dem Dümmer, dem Ammersee, in Duisburg und auf dem Plöner See, auf denen gerne Regatten ausgesegelt werden.

Seit den 1970er Jahren bekommt man den S-Kreuzer auch mit Kunststoffrumpf und Holzdeck oder ganz aus GFK.

Neue 16er sind zwar technisch auf modernem Stand, aber keine überzüchteten Regattazicken. Sie kosten etwa 25.000 Euro. Gebrauchte Boote sind teilweise günstig zu bekommen, da sich derzeit viele altgewordene Segler von ihren Lieblingen trennen. Für einen Preis um 5.000 Euro kann man fündig werden. Zudem gibt es eine Selbstbauerszene für dieses Boot: Wenn man Zeit und Geschick hat, sich so ein hübsches Boot von eigener Hand zu bauen, kann man also auf einen Hintergrund von Erfahrungen setzen.

Hier steht eine Regatta an, die Kajüte kann aber schnell wohnlich eingerichtet werden.

Dankeschön an ...

Jetzt habe ich wirklich ein Problem: Wenn ich mich um Gerechtigkeit bemühe, müsste ich in Dankbarkeit all die Vereine aufzählen, die wir für dieses Buch besucht haben. Das wären dann etliche Seiten nackter Auflistung, die mir meine Lektorin wohl nicht durchgehen lassen würde.

Um an Fotos und Informationen über die Jollen zu kommen, sind wir in der Saison 2013 von Regatta zu Regatta gefahren und somit von See zu See und von Verein zu Verein.

Es gab Kaffee und Informationen. Eine Wurst vom Grill und einen Plausch über dies und das. Es gab Fotos aus dem Archiv, wenn wir selbst keine schießen konnten (Wetter trüb, kein Wind, Objektiv gerade vollständig gewässert ...). Da, wo es möglich war, organisierten die Vereine eine Mitfahrgelegenheit auf einem Motorboot, von dem aus wir selbst fotografieren konnten.

Es gab vor allem viele Einblicke in das Vereinsleben der Jollenszene. Die ist in aller Regel locker, kameradschaftlich, für den Sport engagiert und von der Liebe junger und erwachsener Menschen zu Booten und zum Segeln geprägt. Die Segler in den Vereinen schaffen es, außerdem noch Schlosser, Bootsbauer, Betriebswirte und Gastronomen zu sein. Es gelingt ihnen, die aufwendige Geländepflege an den Vereinsheimen zu wuppen, sie organisieren als Geschäftsführer oder Helfer Regatten, kümmern sich um tausend Details für Segelwanderfahrten einer Jollenflotte in interessante Reviere außerhalb des eigenen. Sie haben exzellente Fachleute der Jollengeschichte in ihren Reihen, sie haben Jugendwarte, die erfolgreich das anstrengende Geschäft betreiben, den Nachwuchs zu schulen und gleichzeitig bei Laune zu halten. Sie haben zuverlässige Mitglieder, die die Kaffeemaschine am Pöttgern halten, das Pils am Laufen, und die zuhause Kuchen backen. Sie haben Kassierer, die sich damit abfinden, dass ihre Arbeit im Erfolgsfall eigentlich kaum zur Kenntnis genommen wird und die sich Jahr für Jahr drängen lassen, »ein letztes Mal« die Vereinsbuchhaltung zu verantworten und die Wahl zum Schatzmeister anzunehmen.

Mancher Segler erschien müde und überarbeitet von der Woche auf dem Clubgelände, um tapfer seinen Notizblock mit auf den Regattaprahm zu nehmen und die einlaufenden Boote sekundengenau zu protokollieren. Natürlich fluchte er darüber, dass die Arbeit »immer an denselben paar Leuten hängen bleibt«. Und ebenso natürlich kommt er nächstes Wochenende wieder.

Um es kurz zu sagen: Nach meinem Eindruck macht Ihr alles richtig. Die Deutschen werden insgesamt weniger, also ist es logisch, dass die Segelvereine auch weniger Mitglieder haben werden, als aus vergangenen Jahrzehnten gewohnt. Das geht aber anderen Vereinen auch so. Macht einfach weiter. Und haltet das Segeln am Leben!

Die Klassenvereinigungen unerwähnt zu lassen, wäre der Ungerechtigkeit dann doch zu viel: Gerade bei Booten, die wir einfach nicht vor die Linse bekommen haben, haben die Verantwortlichen der Klassenvereinigungen in teils aberwitzig vielen Mails Bilder von Fotografen organisiert, die sich üblicherweise gerade in anderen Regionen und Zeitzonen der Welt aufhalten und eigentlich keine Zeit haben, ihre Festplatten nach Bild Nummer sowieso aus dem Archiv von 2011 zu durchsuchen.Hilfreich waren das Schiffahrtsmuseum Bremen ebenso wie die ungenannten Bootsexperten bei Wikipedia. Susanne Plohmann hat tapfer auf Begleitbooten von Regatten gefroren und Nieselregen ausgehalten, um den Booten, die wir fotografieren wollten möglichst nahe zu kommen. Im Übrigen hat sie für Tausende von Fotos ein individuelles Archivsystem entwickelt, das als »Desktopaufhäufungsprinzip« wahrscheinlich mit die höchste Einarbeitungszeit erfordert, dann aber glänzend funktioniert.

Dafür und für die viele Hilfe: Dankeschön.